SpringerWienNewYork

T0202858

Wolfgang Marktl

Bettina Reiter

Cem Ekmekcioglu (Hrsg)

Säuren – Basen – Schlacken

Pro und Contra –

eine wissenschaftliche Diskussion

SpringerWienNewYork

ao. Univ.-Prof. Dr. Wolfgang Marktl
ao. Univ.-Prof. Dr. Cem Ekmekcioglu
Institut für Physiologie, Zentrum für Physiologie und Pathophysiologie
Medizinische Universität Wien, Österreich

Dr. Bettina Reiter
Wiener Internationale Akademie für Ganzheitsmedizin
Otto Wagner Spital, Wien, Österreich

Gedruckt mit Unterstützung des Bundesministeriums
für Bildung, Wissenschaft und Kultur in Wien

SpringerWienNewYork ist ein Unternehmen von
Springer Science + Business Media
springer.at

Satz: Karson Grafik- und Verlagsservice, 1020 Wien, Österreich
Druck: Ferdinand Berger & Söhne Gesellschaft m.b.H., 3580 Horn, Österreich
Cover Bild: GettyImages/Rack filled with test tubes/Ryan Mcvay

Gedruckt auf säurefreiem, chlorfrei gebleichtem Papier – TCF
Mit 53 Abbildungen und 13 Tabellen
SPIN: 11537786

Bibliografische Information der Deutschen Nationalbibliothek
Die Deutsche Nationalbibliothek verzeichnet diese Publikation in der Deutschen
Nationalbibliografie; detaillierte bibliografische Daten sind im Internet über
http://dnb.d-nb.de abrufbar.

ISBN 978-3-211-29133-7 SpringerWienNewYork

Vorwort

Die Konzentration freier Wasserstoffionen in den verschiedenen Flüssigkeits-
räumen des menschlichen Organismus gehört zu jenen Größen die in einem
relativ engen Bereich konstant gehalten werden. Dies wird durch verschiedene
Regulationssysteme ermöglicht. Der Regulationsbedarf ergibt sich dabei besonders dadurch, dass durch die Nahrung und den Stoffwechsel ständig wechselnde
Mengen an Säuren und Basen anfallen, wodurch eine Beeinflussung der Konzentration freier Wasserstoffionen erfolgt. Beim Säure-Basen-Haushalt handelt
es sich allerdings auch um eine Problematik, die von den Vertretern der naturwissenschaftlichen Medizin aus einem anderen Blickwinkel betrachtet wird, als
von den Proponenten bestimmter komplementär- oder alternativmedizinischer
Verfahren. Diese unterschiedlichen Auffassungen beziehen sich einerseits auf die
Ursachen von Störungen der Säure-Basen-Haushaltsregulation, andererseits auf
deren gesundheitliche Folgen. So wird etwa in der Komplementärmedizin den
Ernährungsgewohnheiten ein wesentlich bedeutenderer Einfluss auf den Säure-
Basen-Haushalt zugeschrieben, als dies in der so genannten Schulmedizin der
Fall ist. In der klinischen Medizin finden naturgemäß die klinisch manifesten
und relevanten Störungen des Säure-Basen-Haushaltes Interesse, während in der
Komplementärmedizin der Begriff der Übersäuerung des Interstitiums und die
sich daraus möglicherweise ergebenden Konsequenzen diskutiert werden.

Im vorliegenden Buch, welches auf der Grundlage der Referate eines von der
Wiener Internationalen Akademie organisierten internationalen Symposiums mit
dem Titel „Säure-Basen-Schlacken" beruht, wird der Versuch unternommen, die
unterschiedlichen Gesichtspunkte dar- und einander gegenüber zu stellen. Dabei
wird keine Wertung vorgenommen, sondern die Beurteilung der Wertigkeit der
einzelnen unterschiedlichen Standpunkte dem Leser überlassen. Eine solche Beurteilung sollte jedoch auf der Basis von Sachkenntnissen erfolgen. Solche Kenntnisse präjudizieren keineswegs eine positive Beurteilung, sie ermöglichen aber eine
Auseinandersetzung auf einer sachlich fundierten Basis. Eine Hilfestellung dafür
ist die Intention der Herausgeber des vorliegenden Buches.

Die Herausgeber

Inhaltsverzeichnis

VIII

Kapitel 1

Physiologische Grundlagen des Säure-Basen-Haushaltes

Wolfgang Marktl

Zusammenfassung
Im vorliegenden Kapitel wurde der Versuch unternommen physiologische Grundlagen im Sinne einer praktischen Anwendung zu interpretieren. Für die Beurteilung, ob eine alimentär ausgelöste Übersäuerung möglich ist, erscheint die Berücksichtigung der physiologischen Regulationsmechanismen des Säure-Basen-Haushaltes, ihrer Charakteristika und Kapazitäten unabdingbar. Dabei ist die renale Regulation von besonderer Bedeutung. Eine Erhöhung der Säureelimination durch die Niere ist aus physiologischer Sicht durchaus als eine adäquate Beanspruchung einer physiologischen Kompensationsleistung aufzufassen und sollte nicht unbedingt als Basis für die Annahme einer Übersäuerung gewertet werden. Die vorliegende Darstellung der physiologischen Grundlagen des Säure-Basen-Haushaltes stellt keine dogmatische Manifestation dar, sondern soll eine Denkgrundlage und Hilfe für die Erarbeitung einer eigenen fundierten Meinung zu dieser Problematik bieten.

Einleitung

Die Konstanthaltung eines pH-Werts in einem bestimmten Bereich hat eine erhebliche Bedeutung für eine große Zahl physiologischer und biochemischer Vorgänge im Organismus. Dies betrifft vor allem die intrazellulären Verhältnisse. Einen Überblick über pH-abhängige intrazelluläre Funktionen gibt die Tabelle 1.

Die regulatorische Problematik für den Organismus besteht darin, dass die Konzentration freier H^+-Ionen in den Körperflüssigkeiten in einem bestimmten Bereich gehalten werden muss, obwohl ständig Säuren und Basen aus verschiedenen Quellen anfallen und dadurch die pH-Konstanz bedroht wird. Die erwähnten Säuren und Basen können nach verschiedenen Kriterien eingeteilt werden. Eine für physiologisch-medizinische Zwecke gut brauchbare Einteilung ist jene von Cogan (M.G.Cogan, 1991) die in der Tabelle 2 dargestellt ist. Werden die drei angeführten Gruppen von Säuren und Basen aus dem Blickwinkel der Regulation betrachtet, so ergibt sich folgendes Bild. Der Bestand an Kohlensäure wird über dementsprechende Variationen der Abatmung von CO_2 über die Lunge geregelt. So lange diese pulmonale Regulation funktioniert, belastet die Kohlensäure, die im Organismus in Form ihres Anhydrids CO_2 in Erscheinung tritt, die anderen Regulationssysteme und damit die H^+-Konzentration in den Körperflüssigkeiten nicht.

Physiologische Bedeutung des intrazellulären pH-Wertes

- Beinflussung von Enzym-Aktivitäten
- DNA-Synthese und Zellproliferation
- Öffnungswahrscheinlichkeit von K^+-Kanälen
- Ca^{++}-Influx
- Beeinflussung der Weite von Arteriolen
- Leitfähigkeit von Gap-Junctions
- Einfluss auf die Bindungsfähigkeit von O_2 an Hämoglobin
- Beeinflussung der Dissoziation der Plasmaproteine

  ➡ Auswirkung auf die Ca^{++}-Konzentration im Plasma

Tab. 1: Beispiele für pH-abhängige physiologische Funktionen. Nach: F. Lang (1996)

Bei den metabolisierbaren Säuren und Basen handelt es um solche, die dem Organismus sowohl durch die Nahrung zugeführt werden als um solche die im Stoffwechsel gebildet werden, deren Konzentrationen in den Körperflüssigkeiten aber unter metabolischer Kontrolle stehen. Dies bedeutet, dass im stoffwechselgesunden Organismus jene Mengen an Säuren und Basen die zugeführt oder gebildet werden, auch durch Abbau im Stoffwechsel eliminiert werden. Demgemäß sind Azidosen oder Alkalosen die durch diese Gruppe von Säuren oder Basen verursacht werden, immer die Folge definierter Stoffwechselstörungen. Eine übermäßige Nahrungszufuhr von metabolisierbaren Säuren oder Basen als Ursache einer Störung im Säure-Basen-Haushalt ohne gleichzeitiges Vorliegen einer Stoffwechselstörung erscheint sehr unwahrscheinlich und wird bisher durch wissenschaftliche Daten nicht unterstützt. Bei den nicht-metabolisierbaren Säuren oder Basen handelt es sich ebenfalls um solche die aus der Nahrungszufuhr oder aus dem Stoffwechsel stammen, die aber durch Abbau im Stoffwechsel nicht eliminiert werden können. Sie unterliegen daher der renalen Kontrolle.

Einteilung von Säuren und Basen im Organismus

1. Kohlensäure
2. metabolisierbare Säuren / Basen
3. nicht-metabolisierbare Säuren / Basen

Tab. 2: Nach Angaben von Cogan (1991)

H⁺-Bilanz

Eine Hilfestellung bei der Beurteilung der Problematik einer möglichen alimentär induzierten Übersäuerung liefert die Betrachtung der täglichen H^+-Bilanz. Bei dieser H^+-Bilanz werden die anfallenden Mengen an H^+ den eliminierten Mengen gegenübergestellt. Einen Überblick dazu gibt die Abbildung 1. Aus dieser Abbildung geht hervor, dass H^+-Ionen zum größeren Teil die Regulationsmechanismen im Plasma beanspruchen und zu einem kleineren Anteil direkt im intrazellulären Metabolismus entstehen. Die angeführten Zahlen beziehen sich auf durchschnittliche Lebens- und Ernährungsbedingungen und unterliegen daher naturgemäß gewissen Schwankungen.

Eine weitere Information die der Abb. 1 entnommen werden kann betrifft die Tatsache, dass die Ernährung direkt nur ungefähr ein Drittel der täglich anfallenden H^+-Ionen liefert. Die durch den HCO_3^--Verlust im Stuhl und durch die direkte metabolische Produktion anfallenden H^+-Ionen hängen nur wenig mit der Nahrungszufuhr zusammen. Diese physiologischen Faktoren negieren die Bedeutung der Ernährung auf den Säure-Basen-Haushalt nicht, relativieren jedoch die Stärke des Einflusses der Ernährung auf das Säure-Basen-Gleichgewicht.

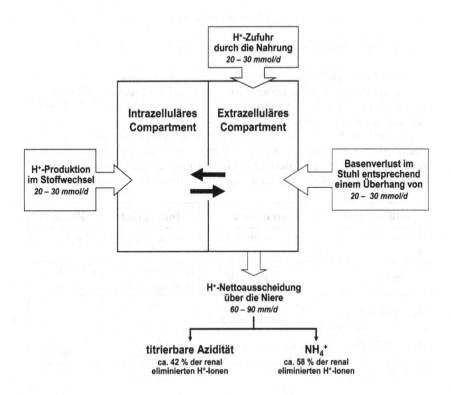

Abb. 1

Regulationsmechanismen des Säure-Basen-Haushaltes

Die Auswirkungen von Belastungen der H^+-Bilanz können wohl nur dann objektiv beurteilt werden, wenn in diese Beurteilung die Mechanismen und Kapazitäten der physiologischen Regulationsvorgänge einbezogen werden. Besondere Bedeutung kommt dabei den *Puffersysteme* und der *renalen Regulation* zu.

Die Physiologischen Puffersysteme

Dem menschlichen Organismus stehen bekanntlich vier Puffersysteme zur Verfügung:
- der HCO_3^--Puffer
- der Proteinat-Puffer
- Hämoglobin
- der Phosphat-Puffer

Beim erstgenannten Puffersystem handelt es sich um ein so genanntes „offenes System", weil das chemische Gleichgewicht in der diesem System zu Grunde liegenden Formel:

$$H^+ + HCO_3^- \leftrightarrows H_2CO_3 \leftrightarrows H_2O + CO_2$$

durch die Abatmung von CO_2 verändert werden kann.

Die drei anderen Puffersysteme sind „geschlossene Systeme".

Die vier Puffersysteme unterscheiden sich im Hinblick auf ihre Konzentrationen in den verschiedenen Compartments, durch ihre funktionelle Bedeutung und durch ihre Kapazitäten.

Bezüglich der Gehalte der einzelnen Puffer in den drei Compartments – intrazellulär, interstitiell, Plasma – können folgende Feststellungen getroffen werden, die im nachfolgenden Schema übersichtsartig zusammengefasst sind: Dabei werden nur relative Angaben gemacht und genaue Zahlenwerte nicht angeführt.

Puffersystem	intrazellulär	interstitiell	Plasma
Hydrogencarbonat-Puffer	in allen drei Compartments vergleichbar hohe Gehalte		
Proteinat-Puffer	hoher Gehalt	vernachlässigbar geringer Gehalt	relativ hoher Gehalt
Hämoglobin-Puffer	nur in den Erythrozyten enthalten	–	–
Phosphat-Puffer	relativ höherer Gehalt	niedriger Gehalt	niedriger Gehalt

Insgesamt stehen im Vollblut 150 mmol an Puffern zur Verfügung. Von diesen Puffern entfallen ca. je die Hälfte auf HCO_3^- und Hämoglobin, ca. 4 mmol auf die Plasmaproteine.

Hämoglobin hat an sich eine hohe Pufferkapazität die allerdings zum Teil durch die beim CO_2-Transport im venösen Blut entstehenden H^+-Ionen beansprucht wird. Eine Verminderung der Hämoglobinkonzentration kann jedenfalls eine Beeinträchtigung der Pufferkapazität des Vollblutes mit sich bringen.

Die Pufferkapazität der Gewebe, vor allem der Muskel, ist ungefähr 5 mal so groß wie jene des Blutes. Insgesamt sind in der Intrazellulärflüssigkeit mehr Puffer enthalten als in der extrazellulären Flüssigkeit. Besonders ausgeprägt ist die Pufferkapazität des Knochens der einen ca. 50 mal höheren Gehalt an Carbonaten aufweist, als die Extra- und Intrazellulärflüssigkeit zusammen. Das Knochencarbonat ist der wichtigste Lieferant an Basen, die zur Neutralisierung fixer Säuren eingesetzt werden, wenn diese im Übermaß vorhanden sind.

In der interstitiellen Flüssigkeit beträgt die HCO_3^--Konzentration 27 mmol/l. Angesichts des im Vergleich zum Plasma wesentlich größeren Flüssigkeitsvolumens der interstitiellen Flüssigkeit, steht dem Interstitium auch eine deutlich höhere Gesamtpufferkapazität zur Verfügung als dies im Blut der Fall ist.

Diese Angaben müssen mit der weiter oben angeführten täglichen H^+-Zufuhr in der angeführten Größenordnung von 60–90 mmol in Beziehung gesetzt werden. Dieser Vergleich zeigt, dass die in der Extrazellulärflüssigkeit vorhandene Pufferkapazität deutlich über jenen Quantitäten an H^+-Ionen liegt, die üblicherweise pro Tag anfallen. Dieser Vergleich fällt noch deutlicher zu Gunsten der Pufferkapazitäten aus, wenn nur jene H^+-Belastung herangezogen wird die direkt aus der Nahrungszufuhr resultiert. Modifiziert wird diese Relation auch noch dadurch, dass die alimentär zugeführten Säuren (und Basen) die Regulationsmechanismen nicht akut sondern entsprechend der Zeitdauer für die Nährstoffresorption protrahiert beanspruchen. Dies ermöglicht den Puffersystemen eine gewisse Regeneration, wobei auch die Elimination von sauren Valenzen durch die Niere eine Rolle spielt.

Renale Regulation des Säure-Basen-Haushaltes

Die Niere kann zweifelsohne als das wichtigste Organ bei der Regualtion des Säure-Basen-Haushaltes angesprochen werden. Diese Aussage wird vor allem durch

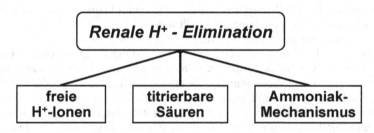

Abb. 2: Arten der renalen H^+-Ausscheidung

die Fähigkeit der Niere zur Elimination so genannter fixer Säuren begründet. In dieser Hinsicht besteht auch eine Kooperation zwischen der Niere und der Leber. Grundsätzlich können die Vorgänge in der Niere welche der Regulation des Säure-Basen-Haushaltes dienen in zwei Gruppen unterteilt werden:
- die HCO_3^--Rückresorption
- die Ausscheidung fixer Säuren

HCO_3^--Rückresorption

Bei normaler HCO_3^--Plasmakonzentration erfolgt bekanntlich bereits im proximalen Tubulus der Niere eine vollständige HCO_3^--Rückresorption. Allerdings existiert für HCO_3^- eine renale Schwelle die bei einer Plasmakonzentration von 28 mmol/l und somit nur geringfügig über der physiologischen Plasmakonzentration von HCO_3^- liegt. Bei Überschreiten dieser renalen Schwelle ist die Kapazität des Nephrons zur HCO_3^--Rückresorption überfordert und HCO_3^- tritt im Endharn mit der Konsequenz eines alkalischen Harns auf. Eine gesundheitliche Bewertung eines alkalischen Harns erscheint angesichts dieses physiologischen Hintergrundes fragwürdig.

Renale Elimination fixer Säuren

Die Ausscheidung von H^+-Ionen durch die Niere erfolgt an sich auf drei verschiedene Arten, wie dies in der Abbildung 2 dargestellt ist.

Diese drei Arten der renalen H^+-Elimanation müssen sehr unterschiedlich beurteilt werden. Die weitaus geringsten Quantitäten an H^+-Ionen werden in freier Form ausgeschieden. Diese Art der H^+-Elimination betrifft maximal 1% der gesamten eliminierten Menge. Die freien H^+-Ionen determinieren bekanntlich den pH-Wert des Harns. Der pH-Wert des Harns kann zwischen etwa 4,5 bis 8 schwanken. Dieses Schwankungsausmaß ist daher wesentlich ausgeprägter als jenes für den pH-Wert des Plasmas. Die Beurteilung des Vorhandenseins einer „Übersäuerung" des Organismus auf der Basis der Messung des Harn-pH-Wertes erscheint aus zwei Gründen fragwürdig:
- Durch die Messung des Harn-pH-Wertes werden nur die freien H^+-Ionen erfasst und somit nur der quantitativ unbedeutendste Anteil der renalen Säureelimination
- Zwischen den pH-Werten im Plasma und jenen im Harn kann keine direkte und unmittelbare Beziehung hergestellt werden

Die zweite Art der renalen Säureelimination ist jene durch die titrierbaren Säuren. Dabei handelt es sich um eine quantitativ durchaus bedeutsame Art der Säureausscheidung. Bei den titrierbaren Säuren handelt es sich um eine bestimmte Zahl von chemischen Verbindungen die H^+-Ionen binden und auf diese Weise zur Ausscheidung bringen können. Die quantitativ bedeutendste dieser Verbindungen ist das *sekundäre Phosphat*, welches sich nach Bindung eines H^+-Ions in primäres Phoshat umwandelt und in dieser Form im Harn erscheint. Die auf diese Weise eliminierten H^+-Mengen liegen in der Größenordnung von 40–45%

der gesamten eliminierten H^+-Menge. Die daraus resultierende Kapazität der renalen H^+-Menge ist aber durch die vorhandenen Mengen an jenen Verbindungen determiniert, die für die Bindung der H^+-Ionen zur Verfügung stehen. Eine Anpassung dieser Quantitäten an die möglicherweise rasch alternierenden alimentären Zufuhrraten von Säuren ist nicht möglich. Eine solche Anpassung kann nur durch die Ausscheidung von Ammonium im Harn erfolgen, die auch schon unter Basisbedingungen die quantitativ wichtigste Fraktion der Säureelimination darstellt. Die im Endharn enthaltene Menge an NH_4^+-Ionen hängt mit der Menge an NH_3 zusammen, die aus den Tubuluszellen sezerniert. Die Menge an NH_3 in der Tubuluszelle hängt mit dem Glutaminmetabolismus in der Leber zusammen. Bei einer Abnahme des Plasma pH-Wertes wird der Glutaminabbau von der Leber zu Niere verschoben, wodurch in der Niere mehr an NH_4^+- zur Ausscheidung zur Verfügung steht. Gleichzeitig geht dies mit einem geringeren HCO_3^--Verbrauch für die Harnstoffsynthese einher, wodurch im Organismus mehr HCO_3^- für die Pufferung zur Verfügung steht. Bei einer stärkeren Säurebelastung kann dieser Mechanismus binnen 1–2 Tagen um ein Mehrfaches gesteigert werden. Dadurch ist der Organismus in der Lage auch bei einer höheren Säurezufuhr das Stoffwechselgleichgewicht im Säure-Basen-Haushalt aufrechtzuerhalten. Es besteht heute die Vorstellung, dass die Effektivität des Ammoniakmechanismus nicht so sehr in der Elimination von H^+-Ionen sondern in der Einsparung an HCO_3 besteht.

Literatur

Lang F (1996) Acid-base metabolism. In: Greger R, Windhorst U (Hg), Comprehensive Human Physiology. From Cellular Mechanisms to Integration, 1571–1585, Springer, Berlin-Heidelberg-New York.

Cogan MG (1991) Fluid and Electrolytes. Physiology and Pathophysiology, Appleton and Lange.

Kapitel 2

Chemische Grundlagen des Säure-Basenhaushalts

Hans Goldenberg

Zusammenfassung
Die Regulation des Säure-Basenhaushalts ist eine der wesentlichen Aufgaben der Homöostase. Der wichtigste Parameter dieser Regelung ist der pH-Wert des Blutes, der durch Puffer zwischen den Werten 7,36 und 7,44 konstant gehalten werden muss.

In den Zellen wird die Aufgabe der Pufferung des pH-Werts größtenteils von Proteinen übernommen, zum Teil auch von Phosphationen. Zur Aufrechterhaltung einer konstanten Pufferkapazität muss der Überschuss an Protonen an die extrazelluläre Flüssigkeit abgegeben werden. Mit Hilfe der Blutpuffer kann dieser Säureüberschuss kompensiert werden. Diese sind in erster Linie das Pufferpaar Hydrogencarbonat/Kohlendioxid sowie der rote Blutfarbstoff Hämoglobin in den Erythrozyten.

Die im Stoffwechsel erzeugten Protonen bilden mit den Hydrogencarbonationen Kohlensäure. Diese zerfällt zu Wasser und Kohlendioxid, das ausgeatmet wird. Weitere überschüssige Säureäquivalente können als Phosphat über die Niere ausgeschieden werden. Der Abbau schwefelhaltiger Aminosäuren führt zu einer gewissen Überproduktion von Säuren, deren Kompensation den Säure-Basenhaushalt beeinträchtigen könnte.

Historische Entwicklung

Die Frage der Funktion von Säuren und Basen im Stoffwechsel beschäftigt die Medizin seit Jahrhunderten. Wie viele andere Aspekte der Medizin, so hat auch dieser die Entwicklung der Chemie als moderne Wissenschaft vorangetrieben, da die Nutzanwendung evident war.

Natürlich hatte man etwa im 16. oder 17. Jahrhundert Vorstellungen von der Struktur der heute als Elektrolyte bezeichneten Verbindungen und ihrer Lösungen, die vom heutigen Wissen weit entfernt liegen, wie diese Abbildung von Johannes van Helmont zeigt (Abb. 1, Kassirer, 1982), der als einer der Prioniere

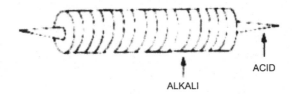

ACID

ALKALI

Abb.1: Ein „Salz" nach den Vorstellungen von Johann Baptist van Helmont (1577–1644) (Kassirer, 1982)

der Medizinischen Chemie nach Paracelsus gilt. Helmont konnte immerhin als erster nachweisen, dass Magensaft und Urin sauer sind. Aufschlussreich ist dennoch die Tatsache, dass viele Mediziner dem Versuch, die Balance der Säuren und Basen als alleinige Ursache von Krankheit und Gesundheit zu sehen, sehr kritisch gegenüberstanden (Abb. 2, Greenberg, 2000).

Hundert Jahre später entdeckte der Medizinstudent Joseph Black das Kohlendioxid und leistete damit natürlich einen ganz wesentlichen Beitrag zum Verständnis des Stoffwechsels, aber auch des Säure-Basenhaushalts und legte eine wesentliche Basis für unser heutiges Verständnis.

Chemische Grundlagen

Wir verwenden heute für die Beschreibung des Verhaltens von Säuren und Basen das Massenwirkungsgesetz, und wir richten uns für mehr oder weniger verdünnte

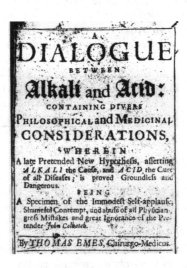

Abb. 2: Diskussion der Bedeutung von Säuren und Basen in der Medizin, durch Thomas Emes (1699) (Greenberg, 2000)

wässrige Lösungen nach der Brönstedschen Theorie. Nach dieser sind Säuren Stoffe, die in Lösung Protonen abgeben, Basen hingegen nehmen sie auf. Die Protonenabgabe wird auch oft als Säuredissoziation bezeichnet, obwohl dieser Begriff inkorrekt ist. Denn die Protonen müssen von einem anderen Molekül gebunden werden, damit eine Säure sie abgeben kann, freie Protonen sind nicht stabil. Der einfachste Fall ist die Abgabe der Protonen an Wasser, die dabei entstehenden Oxoniumionen werden der Einfachheit halber als Protonen bezeichnet. Das ist genau genommen inkorrekt, aber in diesem Kontext akzeptiert und gebräuchlich,

z.B. im Fall der Essigsäure

$$CH_3COOH + H_2O \leftrightarrows H_3O^+ + CH_3COO^-$$

Basen können aus dem Wasser Protonen aufnehmen, sie hydrolysieren. Dadurch entstehen Hydroxylionen,

z.B. im Fall Ammoniak

$$NH_3 + H_2O \leftrightarrows NH_4^+ + OH^-$$

Prinzipiell erfordert jede beliebige Säure-Basenreaktion im Wasser die Anwesenheit sowohl einer Base als auch einer Säure, wobei diese ein Proton austauschen, weshalb man heute auch von Protonentransferreaktionen spricht. Der Begriff Protolyse für die Abgabe von Protonen hingegen ist wieder aus der Mode gekommen. Aus der urspünglichen Säure entsteht somit die konjugierte Base, aus der ursprünglichen Base die konjugierte Säure:

Säurecharakter des Ammoniumions:

$$NH_4^+ + H_2O \leftrightarrows H_3O^+ + NH_3$$

Basencharakter des Acetations:

$$CH_3COO^- + H_2O \leftrightarrows CH_3COOH + OH^-$$

Jeweils eine der beiden kann auch Wasser sein, und die Stärke der Säuren und Basen wird auf die Lage des Gleichgewichts einer Protonentransferreaktion einer Säure oder Base mit Wasser bezogen.

Aufgrund des sehr geringen Säure- und Basencharakters des Wassers selbst ergibt sich, dass die Mitte zwischen sauer und basisch, also der Neutralpunkt, dann erreicht ist, wenn die Konzentration der Protonen und die der Hydroxylionen gleich groß ist, und dies ist der Fall, wenn beide 10^{-7}mol/l betragen. Genau genommen gilt das für eine Temperatur von 25° C, bei der physiologischen Temperatur von 37° C sind die Konzentrationen etwas höher, aber wenn wie üblicherweise bei Raumtemperatur ex vivo gemessen wird, ist dies nicht von Bedeutung.

Der pH-Wert

Man verwendet die negativ dekadischen Logarithmen für die Definitionen der relevanten Größen, d.h. die Säurestärke wird als pKs-Wert definiert, die Konzentration der Protonen mit dem pH-Wert. Aus den Eigenschaften des Wassers ergibt sich, dass bei einem pH-Wert von 7 die Konzentration der Protonen und der Hydroxylionen gleich groß ist. Das entspricht einer Konzentration von 100 nmol/l. Eine solche Lösung wird als neutral bezeichnet, niedrigere pH-Werte charakterisieren saure, höher pH-Werte basische Lösungen.

Entstehung von Säuren und Basen im Stoffwechsel

Der Stoffwechsel erzeugt große Mengen an Säure, vor allem Kohlendioxid, das als Kohlensäure sauer wirkt. Wie allgemein bekannt ist, wird die Konzentration des Kohlendioxids über die Atmung konstant gehalten, dadurch erzeugt es keine Nettobelastung des Stoffwechsels. Weitere Säurequellen sind bei normaler Stoffwechsellage vor allem die schwefelhaltigen Aminosäuren und organische Phosphate, während sich die anderen Quellen von Säuren und Basen aus dem Stoffwechsel etwa die Waage halten. Die so enstehenden Säureäquivalente werden durch die Niere ausgeschieden.

Blutpufferung

Der pH-Wert des Blutes muss in engen Grenzen rund um den Zentralwert 7,4 konstant gehalten werden, der 40 nmol/l entspricht. Abweichungen bis zu 0,4 bzw. 0,6 pH-Weinheiten, d.s. 16 bis 160 nmol/l, sind zwar noch mit dem Leben vereinbar, stellen aber klar pathologische Abweichungen dar.

Die Mechanismen zur Konstanthaltung des pH-Werts im Blut sind bekannt, die erste quantitative Behandlung des Problems, das heute „echte Chemie" gilt, verdanken wir einem Mediziner, nämlich dem Amerikaner Lawrence Henderson, der sie 1908 im American Journal of Physiology veröffentlichte, ein Jahr, bevor das Wort „Puffer" in die deutsche Nomenklatur der Säuren und Basen Eingang fand (Abb. 3. Henderson, 1908).

Zu dieser Zeit war das Massenwirkungsgesetz noch keinwegs allgemein akzeptiertes chemisches Lehrbuchwissen, die Aufstellung der Puffergleichung war also zunächst eine Hypothese und ein Versuch, das Phänomen der Konstanz des Säuregehalts des Blutes mathematisch zu beschreiben. Kurt Hasselbalch formte diese Hendersonsche Gleichung dann 1916 in die logarithmische Version um,

$$\frac{1}{[H^+]} = \frac{1}{K} \cdot \frac{[A^-]}{[HA]}$$

Abb.3: Ursprüngliche Form der Gleichung für die Säurekonzentration in einem Säure-Basengemisch (Henderson, 1908)

$$pH = pK + \log \frac{[A^-]}{[HA]}$$

Abb. 4: Puffergleichung nach Hasselbalch (1916)

die allen Medizinstudenten als Henderson-Hasselbalch-Gleichung seither wohl-
bekannt ist (Abb. 4, Hasselbalch, 1916).

Nicht jede Base oder Säure ist zur Abpufferung einer sauren oder basischen
Lösung geeignet, nur schwache Basen und Säuren sind dazu in der Lage. Voraussetzung für die Pufferwirkung ist, dass auch im zu erhaltenden pH-Bereich, das
ist physiologisch der Neutralbereich, die Säure immer noch Protonen gebunden
hat und damit an die Lösung abgeben kann, die Base hingegen die Fähigkeit
zur Aufnahme von Protonen noch nicht verloren hat. Bei starken Säuren und
Basen wie etwa Salzsäure oder Natronlauge wäre das aber nicht der Fall, sie sind
daher als Puffersubstanzen ungeeignet. Der pH-Bereich, für den eine bestimmte
Puffermischung geeignet ist, lässt sich an der Pufferkurve ablesen. Die geringste
Änderung des pH-Werts bei Zufuhr von Säure oder Base tritt ein, wenn saure
und basische Komponente des Puffers die gleiche Konzentration aufweisen, dort
ist die Pufferkapazität am größten. Allerdings ist das physiologisch nicht immer
das Optimum.

Der Kohlensäure-Bicarbonatpuffer

Die wichtigste, weil am höchsten konzentrierte und flexibelste Puffersubstanz des
Extrazellulärraums ist das Hydrogencarbonation, im allgemeinen Sprachgebrauch
Bicarbonat genannt. Die zugehörige Säure ist das Kohlendioxid selbst, so dass wir
in der Physiologie im allgemeinen zur Beschreibung des Säure-Basenzustands das
Verhältnis der Konzentration der Protonen, der Bicarbonationen und des Partial-
drucks des Kohlendioxids in Form der Puffergleichung anwenden (Abb. 5).

Aus dieser folgen dann die bekannten Normogramme wie das Siggard-Ander-
son-Diagramm, wie sie jedem Mediziner vertraut sind. Die anderen Blutpuffer
hängen natürlich mit dem Bicarbonatpuffer zusammen, aber dieser ist der be-
stimmende.

$$pH = pK' + \log \frac{[HCO_3^-]}{\alpha \times pCO_2}$$

Abb. 5: Gleichung für den Kohlensäurepuffer des Blutes. α ist die Löslichkeit des Kohlendioxids in Plasma (der Bunsensche Absorptionskoeffizient). Sie beträgt 0,226
(mmol/l)/kPa. Die Konzentration des Kohlendioxids im Plasma beträgt daher beim
normalen Partialdruck von 5,3 kPa (40 mm Hg) 1,2 mmol/l. Die Konzentration des
Hydrogencarbonats ist 24 mmol/l, der pKs-Wert des CO_2 ist 6,1. Daraus ergibt sich
ein normaler pH-Wert von 7,4 (siehe auch Abb. 6)

$$pH = 6,1 + \log \frac{24}{0,226 * 5,3} = 7,4$$

$$pH = 6,1 + \log \frac{19}{0,226 * 27,3} = 6,6$$

$$pH = 6,1 + \log \frac{19}{0,226 * 5,3} = 7,3$$

Abb. 6: Berechnung des pH-Werts für den gesunden Normalfall (1. Zeile), eine Belastung mit 5 mmol Säure im geschlossenen (2. Zeile) bzw. im offenen System (3. Zeile)

Beim Kohlensäure-Bicarbonatpuffer liegt das Verhältnis Base zu Säure ziemlich weit entfernt vom Wert 1 bei 20. Das ist in diesem Fall günstiger, da die saure Komponente Kohlendioxid über die Atmung konstant gehalten werden kann.

Wäre das nicht der Fall, wäre der Blutpuffer also kein offenes Puffersystem, würde schon bei einer an sich relativ harmlosen milden Acidose die Säure-Basenregulation auf fatale Weise zusammenbrechen (Abb. 6).

Exakte Berechnungsmethoden

Exakt ist die Berechnung nach der Puffergleichung nicht, daher ist auch die Messung des pH-Werts potentiell mir Fehlern behaftet.

Tatsächlich handelt es sich bei der Puffergleichung um eine Näherungsgleichung, die davon ausgeht, dass in einem Puffergemisch weder die Säure noch die Base des Puffers noch aktive Protonendonatoren bzw. -akzeptoren sind. Richtigerweise müsste man das Verhalten eines Gemischs aus einer schwachen Säure und einer schwachen Base mit vier Gleichungen beschreiben, aus denen sich dann eine für die Konzentration der Protonen ableiten lässt (Po und Semozan, 2001).

Vernachlässigung kleiner Summanden ergibt dann nach Logarithmierung die bekannte Puffergleichung. Der Fehler, den diese Näherung hervorruft, hängt von mehreren Faktoren ab: von der Konzentration des Puffers, vom Verhältnis Säure zu Base sowie vom pK-Wert der Säure.

Je näher dieser bei 7 liegt, desto kleiner ist der Fehler, ebenso sinkt seine Größe mit der Gesamtkonzentration des Puffers und der Nähe des Verhältnisses Puffersäure zu Pufferbase zum Wert 1. Das Problem ist nicht trivial, bei Nichtbeachtung der Korrekturen könnten sich Fehler von über 5% ergeben, was bei einem pH an der Grenze der Norm bereits zu nicht erkennbaren pathologischen Situationen führen könnte.

Die Konzentration des Bicarbonats im Blut liegt bei etwa 24 mmol/l, der pH-Wert ist 7,4 und das Verhältnis Base zu Säure ist ca. 95:5. Das bedeutet, dass bei Erhalt der Gesamtkonzentration an Puffer der Messfehler für die Protonenkonzentration unter 5% liegt. Wenn der pH bereits an der Untergrenze der Norm liegt, ist dieser Fehler keineswegs trivial, er entspricht einer Verschiebung um ca. 0,02 pH-Einheiten, also z.B. von 7,36 auf 7,34.

Der pK-Wert der Kohlensäure ist etwa 6, so dass der Fehler in allen Konzentrationsbereichen klein ist. Das ist der Vorteil eines Puffergemischs, das zum überwiegenden Anteil aus der Pufferbase besteht.

Wirkliche pH-Verschiebungen und Instabilitäten werden sich erst ergeben, wenn die Störfaktoren wie etwa organische Säuren oder mangelhaft abgeatmetes Kohlendioxid die Größenordnung der Konzentration der Pufferbase Bicarbonat erreichen, also einige mmol/l betragen. Das ist natürlich bei einer Lactacidose oder einer Ketoacidose der Fall. Säuren, deren Konzentration im Stoffwechsel auch bei außergewöhnlich hoher Produktionsrate deutlich unter diesem Wert liegen, sind für den Säure-Basenhaushalt nicht von Bedeutung. Das gilt z.B. für die in diesem Zusammenhang gerne erwähnte Harnsäure, die bereits bei einer Konzentration von 500 μmol/l pathologische Symptome hervorrufen kann, die in der Säure-Basenrechnung aber nicht wirklich nennenswert zu Buche schlägt.

Literatur

Greenberg A (2000) A chemical history tour. S 97, Wiley-Interscience, New York.

Hasselbalch KA (1916) Die Berechnung der Wasserstoffzahl des Blutes aus der freien und gebundenen Kohlensäure desselben und die Sauerstoffbindung des Blutes als Funktion der Wasserstoffzahl. Biochem Z 78: 112–144.

Henderson LJ (1908) Concerning the relationship between the strength of acids and their capacity to preserve neutrality. Am J Physiol 21: 427–448.

Kassirer P (1982) Historical perspective. In: Cohen JJ, Kassirer P (eds) Acid/Base. Little, Brown and Co, Boston, 449–464.

Po HN, Senozan NM (2001) The Henderson-Hasselbalch equation: its history and limitations. J Chem Education 78: 1499–1503.

Kapitel 3

Der Schlackenbegriff als medizinische Metapher

Friedrich Dellmour

Zusammenfassung
Der aus der Metallurgie stammende Begriff „Schlacke" bezeichnet ein Abfallprodukt, das Verunreinigungen abscheidet. Aus der Verbrennung sind „Schlacken" als Rückstände bekannt, die zur Wiederherstellung der Funktion entfernt werden müssen. Davon leitet sich der medizinische Gebrauch der Begriffe ab: in der Medizin sind mit „Schlacken" pathologische Zustände gemeint, die durch therapeutische Verfahren behoben werden, die zu Ausscheidung und Leistungssteigerung führen. Die Wirkungen dieser Anwendungen werden als „Entschlacken", „Entlastung" und „Reinigung" empfunden.

Der medizinische Schlackenbegriff stellt daher eine sekundäre Metapher dar, die an die primäre Metapher „Entschlacken" gebunden ist. Die ursprüngliche Bedeutung von „Entschlacken" meinte körperliche, psychische und spirituelle „Reinigung", was im Englischen und der deutschen Sprache des 18. Jahrhunderts zu erkennen ist.

Allgemeines

Metaphern im Alltag

„Die Sprache benutzt viele Metaphern, da sich komplexe Gegenstände, Sachverhalte oder Wahrnehmungen allgemein verständlich oder sogar ausschließlich als Metaphern ausdrücken lassen. Viele Metaphern wurden daher als *unbewusste notwendige Metaphern* (Brockhaus, 1991) wie „Glühbirne" oder „Atomkern" in die Alltagssprache übernommen, da sich Abstraktes am besten durch Vergleich mit alltäglichen Dingen ausdrücken lässt.

In allen Sprachbereichen finden sich Metaphern: im Alltag *(Stuhlbein, Tischbein, Flaschenhals, Fingerhut, Pfeifenkopf, Drahtesel, Filmsternchen)*, in der Geographie *(Flussarm, Talsohle)* und in der Wissenschaft *(Zellkerne, Zellwände)* und Technik *(Icons, Datenautobahn)*. Besonders reich an Metaphern ist der zwischenmenschliche Bereich: um etwas *zu begreifen, zu erfassen,* zu sagen, dass man *sauer ist,* einem etwas *auf die Nerven geht oder jemand die Fliege* bzw. sich *aus dem Staub macht, Krokodilstränen weint, kein unbeschriebenes Blatt ist* oder *verheizt* und *gefeuert* wird.

Viele Metaphern sind fixer Bestandteil der Sprache geworden. Die Metapher drückt komplexe Sachen auf einfachste Weise so aus, dass diese allgemein verständlich werden.

Definition der Metapher

Das Wort „Metapher" stammt aus dem Griechischen. *Metapherein* bedeutet „übertragen", „anderswohin tragen". Die Definitionen lassen sich wie folgt zusammenfassen:

- Eine Metapher ist ein bildhafter Ausdruck für einen Gegenstand oder abstrakten Begriff, der durch Verknüpfung mit einem zweiten Vorstellungsbereich durch eine niederkomplexe, bekannte Sache ausgedrückt wird und auf einer Ähnlichkeitsbeziehung beruht (nach Microsoft Encarta 99 Enzyklopädie).
- Metaphern werden eingesetzt, um Neues, nicht Greifbares, Komplexes oder Ganzheitliches zu kommunizieren (nach T. Sulzbach).

Wirkung von Metaphern

Metaphern sind allgemein verständlich und sehr wirkungsvoll. Sie werden daher zur Kommunikation komplexer Zusammenhänge in Alltag, Technik, Wissenschaft und Medizin vielfach genutzt. Eine besondere Bedeutung haben Metaphern in der Psychologie, um die Vorgänge des psychischen, sozialen und geistigen Bereiches auszudrücken. Die Psychotherapie nutzt Metaphern als beschreibende Sprache („Bilder malen"), um traumatische, affektive oder kognitive Erfahrungen zu verbalisieren. Dadurch ist Bewusstwerdung, Konfrontation, Verarbeitung, Selbstentfaltung und Entwicklung möglich. Die tiefe und unbewusste Wirkung von Metaphern kann positive und negative Wirkungen haben. Ein Beispiel dafür ist die *Bewegung* als Metapher. Spiel, Sport, Tanz und Theater eint Menschen und transportiert dabei auch unausgesprochene Inhalte. *Bewegung* wird von Tai Chi, dynamischen Meditationsformen, NLP und Yoga zur Vertiefung von Botschaften genutzt. Auch bei militärischen Paraden, Gleichschritt, Exerzieren und Kampftechniken steht die *Bewegung* als Metapher für Inhalte.

In Medien und Öffentlichkeit sind Metaphern von großer Bedeutung. Metaphern sagen viel aus und werden rasch verstanden. Dies wird mit der Körpersprache und in der Werbung genutzt. Da Metaphern zu intuitivem Erkennen unter Umgehung des Verstandes führen, können Rollenbilder *(Männer, Frauen)*, Feindbilder *(Juden, Zigeuner, Ausländer)* u.a. Stigmata *(Arbeitslose, Kranke, psychisch Kranke, Drogensüchtige, HIV-Positive)* weit reichende Auswirkungen haben.

Metaphern in der Medizin

Auch in der Medizin werden viele Metaphern verwendet. Das gilt für populärmedizinische Ausdrücke (*auf den Magen schlagen, Übersäuerung, Entschlackung, Entgiftung, Ausleitung*) und physiologische Prozesse (*Verbrennung, Zellatmung*), aber auch für *Gesundheit, Krankheit* und bestimmte Krankheiten (*Krebs, Aids*), die als Metaphern unterschiedliche kulturelle Bedeutung haben.

Auch „Kräfte" und „Energien" sind Metaphern. Die „Lebenskraft" der Chinesischen Medizin und Homöopathie bezeichnet physiologische Funktionen des Organismus und ist mit der wissenschaftlich anerkannten „Selbstheilungskraft" (Autoregulation) weitgehend ident (Dellmour, 1999).

Ebenso ist es bei „Energien", „energetischer" Therapie und *Feng Shui*. Dabei werden meist keine Energien zugeführt oder wahrgenommen. „Energie" steht als Metapher für physische oder psychische Funktions- und Leistungssteigerung, psychosoziale oder spirituelle Gefühlseindrücke oder Entspannungseffekte.

Schlacken im Internet

In der Populärmedizin ist die Ansicht verbreitet, dass Schlacken durch falsche Ernährung, Genussmittel, Umweltschadstoffe, chemische Nahrungsmittelzusätze und Bewegungsmangel entstehen und bei Überlastung der Ausscheidung im Bindegewebe abgelagert werden. Ziel der Entschlackung ist daher die Anregung der Ausscheidungsorgane, um die „während der Winterzeit abgelagerten Schlacken und Gifte auszuscheiden" (Internet, 14.2.2005). Dem entgegen steht die Meinung, dass es „keine Schlacken" gibt und „Entschlacken eine Fastenlüge" sei (UNIQA – GesundheitsWeb), da alle Abbauprodukte des Stoffwechsels rückstandslos ausgeschieden werden.

Mit Ausnahme von Stoffwechsel- und Speicherkrankheiten und der schwierig zu untersuchenden „Mesenchymverschlackung" des Grundregulationssystems wurden bisher keine „Schlacken" gefunden. Auch im Internet finden sich keine medizinischen Schlacken. Unter den Stichworten „Schlacke" bzw. „Schlacken" fanden sich im Internet 54.000 Einträge zur Müllverbrennung bzw. 61.000 Treffer zur Chemie und Verwertung von Verbrennungsschlacken, aber ebenso wie in MEDLINE keine einzige medizinische Verwendung dieser Begriffe.

Entschlacken im Internet

Anders sieht es für das „Entschlacken" aus: im Internet fanden sich 130.000 Treffer zu verschiedenen Therapieangeboten! MEDLINE verzeichnete zu „Entschlacken", „Entschlackung" bzw. „Verschlackung" keine Einträge, was darauf zurück zu führen ist, das die deutschen Begriffe nicht in englischen Publikationen aufscheinen. „Purge" (Schlacken, entschlacken) bzw. „purgation" (Entschlackung, Reinigung) haben jedoch 800 bzw. 98 Einträge in MEDLINE. Damit sind Darmentleerung (Parasiten, Coloskopie, Laxantien, TCM, Ayurveda, Anorexie,

Detoxikation), Reinigungsverfahren (Hämodialyse, Biologie, Umwelt, Chemie, Labor) und soziologische Säuberungsmaßnahmen gemeint.

Es ist auffallend, dass es im Internet keine medizinischen Schlacken gibt, aber „Entschlacken" vielfältig angeboten wird. Dies weist darauf hin, dass der Begriff „Schlacke" nicht aus sich selbst, sondern nur über das „Entschlacken" erklärt werden kann! Auch dabei hilft das Internet: „Entschlacken" wird durch Sauna, Bodywrap, Kneipp- und Saftkuren, Löwenzahn, Kräutertee, Fasten, Entsäuerung, Basenfasten, Hydro-Kolon-Therapie, richtige Ernährung, Ayurveda und Yoga erreicht. „Entschlackt" werden das Bindegewebe, Haut, Körper und die Seele, wodurch *Regeneration, Gewichtsabnahme, Veränderung, Wellness, Wohlfühlen* und *Lebensfreude* bewirkt werden.

Medizinische Wirkungen des Entschlackens

Das Entschlacken umfasst *physikalische Anwendungen* (Hitze, Kälte, Bewegung, Massage), *Diät* (Fasten, Ernährung), *Ausleitung* (Laxantien, Kolon-Hydro-Therapie), *Elektrolyte* (Säure-Basenregulation), *Phytotherapie* (Kräuter, Tee, Säfte) und *autoregulative Therapie* (Homöopathie). Die Verfahren regen die Herz-, Kreislauf-, Leber-, Darm-, Nieren- und Lungenfunktion und die Autoregulation (Selbstheilung) an. Sie steigern die Perfusion, Oxygenierung, Transpiration, Lymphfluss und andere Ausscheidungsfunktionen und führen zu Gewichtsreduktion und Entspannung. Entschlackende Maßnahmen regen somit alle Organsysteme an und aktivieren den Stoffwechsel, die Ausscheidung und die Selbstheilung. Entschlacken hat daher vielfältige Wirkungen auf den Körper und die Psyche.

Definition von Schlacken und Entschlacken

Während „Entschlacken" medizinische und psychische Wirkungen hat, wurden „Schlacken" als Stoffwechselrückstände bisher nicht gefunden bzw. sind Gegenstand wissenschaftlicher Untersuchungen. Der Schlackenbegriff kann daher nur über das „Entschlacken" erklärt werden.

Mit „Entschlacken" sind **Wirkungen** gemeint, die zu *Regeneration, Stärkung, Steigerung der Lebenskraft und Energie, Befreiung, Entlastung, Erneuerung, Erholung, Freude und Motivation* und der Empfindung „Es geht mir wieder gut" führen.

Mit „Schlacken" sind **Zustände** gemeint, die zu *Schwäche, Kraft- und Energielosigkeit, Belastung, Überlastung, ausgebrannt* und *ausgepowert* sein, *Lustlosigkeit, Antriebslosigkeit, depressiver Verstimmung* und der Empfindung „Es geht mir schlecht" führen.

„Schlacken" meinen daher **pathologische, d.h. krankhafte Zustände**, während „Entschlacken" **gesundheitserhaltende Funktionen anregt**. Davon ausgehend können folgende Definitionen erarbeitet werden:

• **„Schlacken" ist eine Metapher für pathophysiologische, pathologische oder psychopathologische Zustände, die aufgrund einer verringerten oder gestörten physischen oder psychischen Funktions- und/oder Leistungs-**

fähigkeit die Gesundheit und Vitalität beeinträchtigen, als Befindlich-
keitsstörung oder Krankheit wahrgenommen und durch „Entschlacken"
gebessert oder geheilt werden.

• „Entschlacken" ist eine Metapher für die gesundheitsfördernden Wirkungen physikalischer, pharmakologischer, phytotherapeutischer, auto-
regulativer, diätetischer und ausleitender Verfahren, die zur Steigerung
der physischen oder psychischen Funktions- und/oder Leistungsfähigkeit
führen, die Gesundheit und Vitalität bessern oder wieder herstellen und
als Ausleitung, Reinigung, Befreiung, Entlastung oder Heilung wahrgenommen werden.

Herkunft des Schlackenbegriffes

Die mit „Schlacken" und „Entschlacken" gemeinten Empfindungen werden
sensorisch, psychisch oder spirituell wahrgenommen. Es handelt sich dabei um
neurophysiologische Sinnes- oder Gefühlseindrücke von **Zuständen** oder **Wirkungen.**

„Schlacken" meinen krankhafte, pathologische Zustände, bei denen nach
humoraler bzw. pathogenetischer Ansicht etwas „Krankhaftes" oder „Schlechtes"
entfernt werden muss. Dass sich dabei entschlackende Methoden bewährt haben,
spricht nicht für die Existenz von „Schlacken". Dies wäre ein Zirkelschluss und
eine *falsche* Verwendung der Metapher, da Metaphern bildhafte Beschreibungen
und keine Definitionen sind (Sponsel, 2002). Aus der Wirksamkeit des „Entschlackens" kann daher nicht auf die Existenz von „Schlacken" geschlossen werden!

Diese indirekte Beweisführung wäre auch wissenschaftlich nicht möglich, da
beide Begriffe aus unterschiedlichen Denkrahmen stammen. „Schlacken" sind auf
die Krankheit (Pathogenese) und „Entschlacken" auf die physiologischen Funktionen der Gesundheitserhaltung (Salutogenese) bezogen (Melchart et al, 2002).
Dies ist ein Indiz dafür, dass „Schlacken" *nicht* der ursprüngliche Begriff ist. Denn
die ganzheitlichen Wirkungen des Entschlackens passen nicht zu der mechanistischen Vorstellung von „Schlacken"!

Der Schlackenbegriff ist erstmals in der **Alchimie** zu finden. Alle Stoffe im
menschlichen Organismus, die aufgrund pathologischer Veränderungen aus dem
Leben „herausgefallen" sind und sich als „Schlacken" abgelagert haben, wurden
als „Tartarus" bezeichnet. Die **Spagyrik** verwendete aufgrund von Ähnlichkeits-
denken den aus Wein ausfallenden Weinstein („Tartarus") als schlackenlösende
Arznei. Vermutlich haben Alchimisten, die die „Läuterung im Feuer" sowohl aus
den Schriften des *Alten Testaments* als auch von der Metallherstellung in ihren
Öfen und Schmelztiegeln kannten, den ursprünglich gemeinten Begriff der „Reinigung" durch den Begriff „Entschlacken" ersetzt.

Entschlacken als Reinigung

Die englischen Begriffe für „Schlacken" und „Entschlacken" *purge, to purge,
purging* und *purgation* stammen wie *pure, purity* und *purification* und die deut-

schen Worte *Purgation* und *purgieren* vom lateinischen *purgare* für **„reinigen"** ab.

In der Medizin des Hippokrates, Galen, Avicenna, Sydenham und Hufeland war die **„Reinigung"** ein zentrales Prinzip der Medizin: **„Qui bene purgat, bene curat".** Mit diesem „Purgieren nach unten oder oben" waren meist Abführmittel, Brechmittel oder Schröpfen gemeint (Aschner, 1994). Die pharmazeutischen Begriffe „Purgativa" und „Purgantien" für Laxantien erinnern an diese Zeit. Dabei sollte nicht vergessen werden, dass die berühmtesten Ärzte und Schulen der früheren Zeit mit diesen Therapien zuweilen bemerkenswerte Heilungen erzielt haben. Die Erklärung dafür ist einfach: alle natürlichen Heilungsprozesse nutzen die Ausleitung durch Fieber, Anregung von Kreislauf und Ausscheidung, Schweiß, Sekreten, Erbrechen, Durchfall und Eiterung. Diese **physiologischen Reinigungsprozesse** stehen durch das Autoregulationssystem mit allen Organen und dem ZNS und der Psyche in Verbindung und ermöglichen dadurch ganzheitliche Wirkungen. Ausleitende Verfahren können daher körperliche, psychosomatische, psychosoziale und spirituelle Wirkungen haben.

Psychosoziale Reinigung

Psychische und geistige Läuterung können im „Feuer" einer Krise die Reinigung von „Unreinem" bewirken. Der Begriff „Reinigung" wird daher auch für psychosoziale Reinigungsprozesse verwendet. In MEDLINE findet sich zum Stichwort **„purge"** ein Bericht des National Institute of Health über die Beendigung fragwürdiger finanzieller Praktiken (Greenberg, 2004). „Säuberungsmaßnahmen" sind auch von Parteiausschlüssen, diktatorischen Regimes und der Exkommunikation bekannt. Auch die soziologische Reinigung ist von **Ausscheidung** begleitet: Störendes, Schuldhaftes oder Krankhaftes (Krankheit als Metapher!) wird aus dem Organismus „Gesellschaft" ausgeschieden.

Im Deutschen waren die Begriffe **„Purgation"** und **„purgieren"** für die Reinigung von **Schuld** bis um 1700 üblich (Deutsches Rechtswörterbuch). Im Falle einer öffentlich gewordenen Anschuldigung konnte sich der betroffene „Purgant" in seiner „Purgationssache" vor einem „Purgationsgericht" mit einem „Purgationseid" „purgieren", um sich von der behaupteten Schuld zu reinigen.

Spirituelle Reinigung

Schuld und Sühne sind Themen der spirituellen Reinigung. Wie alle Einflüsse kann die reinigende „Kraft" aus natürlichen, magischen und göttlichen Quellen stammen:

Rituelle Reinigung ist in allen Kulturen zu finden. Zeremonielle Reinigungsriten werden von soziologischen, magischen und spirituellen Reinigungsprozessen genutzt. „To purge" bezeichnet „Sühnen" von Verbrechen z.B. durch ein „Gottesurteil". Wesentlich dabei ist, dass die Zeremonie bei der rituellen Reinigung nur als **Symbol** dient und durch Glauben wirksam wird.

Magische Reinigung nutzt die okkulten Kräfte der **Zauberei und Magie**. Im Internet wird „Purgationszauber" angeboten. Die Grenzen von „Spiritualität" und Zauberei sind häufig verwischt und für Unwissende nicht erkennbar. Der Kontakt mit jenseitigen Mächten ist so alt wie die Menschheit und steht im klaren Widerspruch zur geistlichen Reinigung.

Geistliche Reinigung ist eine auf Gott ausgerichtete Erneuerung. Während die rituelle Reinigung Selbsterlösung sucht und magische Reinigung die Betroffenen an jenseitige Mächte bindet, setzt geistliche Reinigung persönliche Schulderkenntnis gegenüber Gott und den Willen zur Umkehr („Buße") voraus. Im Gegensatz zu rituellen und magischen Verfahren ist die geistliche Reinigung keine menschliche Erfindung, sondern ein **Angebot Gottes** an die Menschen.

Das *Alte Testament* kündigt eine „spirituelle Prüfung und Reinigung" der gesamten Menschheit an, die durch die Metapher „Schmelzen und Läutern wie Gold" ausgedrückt wird (Daniel, Jesaja, Jeremia, Maleachi, Sacharja). Die frühe Kirche hat daraus das „Fegefeuer" (engl. *purgatory*) und eine „Reinigung durch Feuer" am Scheiterhaufen gemacht, was jedoch nicht der Bibel entspricht. Das *Neue Testament* bietet die Erlösung von Schuld und Tod durch Jesus Christus an. Der aus der Schöpfungsordnung gefallene Mensch wird dadurch wieder fähig, mit Gott in Beziehung zu leben. Dieser Neubeginn wird durch das Wasser der **Taufe** symbolisiert. Die Reinigung erfolgt durch die Kraft des Heiligen Geistes. Der Mensch wird zur „neuen Schöpfung" und erkennt Jesus Christus als Herrn an, was als „Wiedergeburt im Geist" bezeichnet wird. Dies ist der Beginn einer spirituellen Erneuerung der gesamten Erde, die Jesaja vorausgesagt hat: *„Denn siehe, ich will einen neuen Himmel und eine neue Erde schaffen, dass man der vorigen nicht mehr gedenken und sie nicht mehr zu Herzen nehmen wird."*

Zusammenfassung

„Schlacken" und „Entschlacken" sind Metaphern und keine medizinischen Definitionen. Mit „Schlacken" sind pathologische Zustände und Befindlichkeitsstörungen gemeint, die durch therapeutische Anwendungen gebessert oder geheilt werden. Diese werden als „Entschlacken" bezeichnet, da sie zu Ausscheidung, Entlastung und Reinigung führen.

Der ursprüngliche Begriff meinte körperliche, psychosoziale und spirituelle Reinigung von Belastung und Unreinheit. Dies ist im Englischen erkennbar und wurde im Deutschen durch „Entschlacken" ersetzt. Dennoch beschreiben die mechanistischen Begriffe „Schlacken" und „Entschlacken" ganzheitliche Zustände und Wirkungen, die durch Laborwerte nicht erfasst werden. Diese Bereiche sind für die Ganzheitsmedizin von wesentlicher Bedeutung, da körperliche, psychische und spirituelle Belastungen einen Einfluss auf die Gesundheit, Krankheit und Heilung des Menschen haben.

Literatur

Aschner B (1994) Lehrbuch der Konstitutionsmedizin. 9 Aufl, S 4, 396, Hippokrates, Stuttgart.

Brockhaus Enzyklopädie in vierundzwanzig Bänden (1991) 14. Band, 19. Aufl, S 521, F A Brockhaus, Mannheim.

Dellmour F (1999) Pharmakologische Grundlagen der Homöopathie. Deutsche Zeitschrift für Klinische Forschung Jg 3, Heft 6, Dezember 1999: 27–32.

Die Bibel. Nach der Übersetzung Martin Luthers. Revidierte Fassung 1984, Deutsche Bibelgesellschaft, Stuttgart, Daniel 11.3, 12.10, Jeremia 9.6, Jesaja 48.10, 65.17, Maleachi 3.2, Sacharja 13.9.

Greenberg D (2004) NIH names panel to probe conflict-of-interest charges. Zerhouni promises to purge the organisation of financial impropriety, whether real or perceived. Lancet 363 (9406): 380.

Melchart D, Brenke R, Dobos G, Gaisbauer M, Saller R (2002) Naturheilverfahren. Leitfaden für die ärztliche Aus-, Fort- und Weiterbildung, S 41-2, Schattauer, Stuttgart.

Sponsel R, Definition und Definieren. Internet Erstausgabe 17.5.2002, Erlangen.

Kapitel 4

Säure-Basen-Haushalt: latente Azidose als Ursache chronischer Erkrankungen

Jürgen Vormann

Zusammenfassung
Die Regulation des pH-Wertes innerhalb und außerhalb der Zellen ist eine wesentliche Voraussetzung für die Funktion der enzymatisch gesteuerten Stoffwechselvorgänge unseres Organismus. Das Verhältnis von Säuren zu Basen ist aber nicht nur für einen gesunden Stoffwechsel von Bedeutung, sondern entscheidet auch über die Struktur und Funktion von Proteinen, die Permeabilität von Zellmembranen, die Verteilung von Elektrolyten sowie die Funktion des Bindegewebes. Langfristige Störungen des natürlichen Säure-Basen-Gleichgewichts finden aufgrund des gegenwärtigen wissenschaftlichen Erkenntnisstandes als Risikofaktor für die Pathogenese chronischer Erkrankungen wie z. B. der Osteoporose zunehmend Beachtung – besonders deshalb, da in der Vergangenheit die pH-Regulation als selbstverständlich angesehen wurde und die hierfür benötigte Pufferkapazität des Organismus als nahezu unerschöpflich galt. Heute hingegen rückt die latente Azidose als Folge der hauptsächlich durch Ernährungseinflüsse bedingten, allmählichen Abnahme der Pufferreserven zunehmend in den Mittelpunkt des Interesses.

Physiologische Regulation des Säure-Basen-Gleichgewichts

Beim gesunden Menschen hat das Blut einen pH-Wert von 7,4. Schon geringe Abweichungen führen zu massiven Störungen im Stoffwechsel, die unter Umständen lebensbedrohlich sind. Daher wird der Blut-pH durch umfangreiche Puffersysteme innerhalb sehr enger Grenzen zwischen 7,37 und 7,43 nahezu konstant gehalten. Neben den Puffereigenschaften des Blutes sowie der extra- und intrazellulären Kompartimente, sind der Gasaustausch in den Lungen und die Ausscheidungsmechanismen der Nieren wesentliche Bestandteile dieses Regulationssystems, die alle miteinander in einem funktionellen Gleichgewicht stehen. Wenngleich über die Kohlendioxid-Abatmung eine akute Azidose in der Regel vermieden werden kann, so dienen primär die Puffersysteme der Nieren zur Netto-Ausscheidung der beim Abbau verschiedener Säuren freigesetzten H⁺-Ionen.

Diese Ausscheidung ist notwendig, da die Entstehung von Protonen z. B. bei der Verstoffwechslung schwefelhaltiger Aminosäuren aus Eiweiß, die Aufnahme von basisch wirksamen Substanzen beim Verzehr einer üblichen Mischkost überschreitet. In der heutigen Ernährung trägt gegenüber basenlieferndem Obst und Gemüse hauptsächlich der Eiweiß- und Getreideproduktverzehr zur täglichen Säurebelastung des Körpers bei.

Fasten (d. h. Gewichtsreduktion durch Nahrungskarenz) erhöht durch die gesteigerte Bildung von Ketosäuren aus dem Fettsäureabbau die Säurebelastung des Körpers ebenso wie die unter anaeroben Bedingungen im Sport gesteigerte Milchsäureproduktion als Endprodukt der Glykolyse.

Die Fähigkeit zur Säureausscheidung über die Niere nimmt mit steigendem Lebensalter immer mehr ab [Frassetto et al., 1996; Frassetto und Sebastian, 1996]. Wie aus Abbildung 1 hervorgeht, sinkt mit zunehmendem Alter der Blut-pH innerhalb des Normbereichs, gleichzeitig nimmt aber auch die Konzentration des Bikarbonat-Puffers ab. Dies wiederum zieht nicht nur einen erhöhten Verbrauch von puffernden Mineralstoffen aus dem Knochenreservoir nach sich, sondern hat auch nachteilige Auswirkungen auf unterschiedliche Stoffwechselfunktionen wie

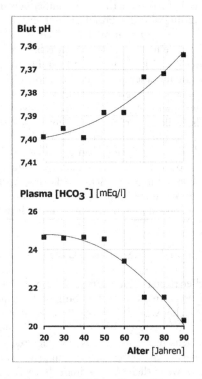

Abb 1: Zusammenhang zwischen Blut-pH bzw. Plasma-Bikarbonatkonzentration und Alter. Modifiziert nach [Frassetto et al., 1996] und [Frassetto und Sebastian, 1996].

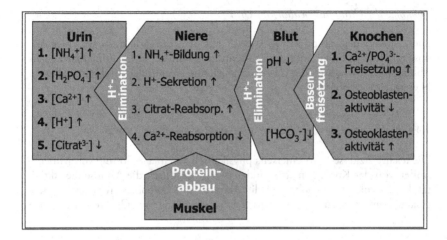

Abb 2:   Kompensationsmechanismen der latenten Azidose. Modifiziert nach [Alpern und Sakhaee, 1997].

z.B. den im Alter häufig zu beobachtenden verstärkten Muskelabbau [Frassetto und Sebastian, 1996].

Kompensationsmechanismen der latenten Azidose

Eine wesentliche Rolle beim Ausgleich einer ernährungsbedingten latenten Azidose spielen die Adaptationsmechanismen der Niere, die in Abbildung 2 schematisch dargestellt sind [Alpern und Sakhaee, 1997].

Erhöhte Ausscheidung von Ammonium-Ionen (NH_4^+)

Ammoniak (NH_3), der in den Tubuluszellen der Nieren hergestellt wird und frei durch Membranen diffundieren kann, verbindet sich im Primärharn mit H^+-Ionen zu Ammonium (NH_4^+), das kaum zurück diffundiert und mit dem Urin ausgeschieden wird. Bei einer Azidose ist die Aktivität der Glutamin-abbauenden und NH_3-bereitstellenden Enzyme (Glutaminase, Glutamin-Dehydrogenase etc.) erhöht.

Erhöhte H^+-Ionen-Sekretion in den Nierentubuli

Bereits durch eine leichte Azidose wird die Menge und Aktivität des Na^+/H^+-Ionenaustauschers in der Niere erhöht, wodurch es zu einer vermehrten Ausscheidung von H^+-Ionen bei gleichzeitiger Na^+-Rückresorption kommt.

Abnahme der Citratausscheidung im Urin

Die relative Rückresorption von Citrat^{3-} aus dem Primärharn ist bei einer Azidose erhöht. Als Folge sinkt die Konzentration von Citrat im Primärharn (siehe Abbildung 2), wodurch die Ca^{2+}-Komplexierung vermindert und das Risiko für Nierensteine erhöht wird.

Vermehrte Freisetzung von Mineralstoffen aus den Knochen

Die leichte Azidose führt einerseits physikalisch zu einer Ablösung von Mineralstoffen von der Knochenmatrix, andererseits wird durch die Azidose die Aktivität der Osteoklasten erhöht und die Aktivität der Osteoblasten gehemmt. Insgesamt kommt es zu einer vermehrten Ausscheidung von Ca^{2+}-Ionen über die Niere.

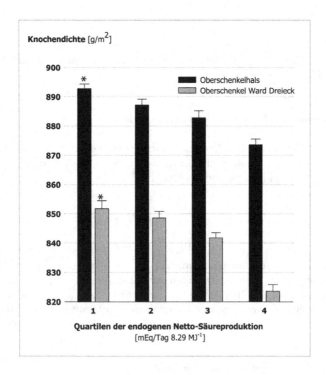

Abb 3: Mittlere (± SEM) Knochendichte prä- und perimenopausaler Frauen in Abhängigkeit von den Quartilen der endogenen Netto-Säurebildung ohne Kohlensäure (NEAP). ** Signifikanter Unterschied zu Quartile 4, p<0,04. Modifiziert nach [New et al., 2004].

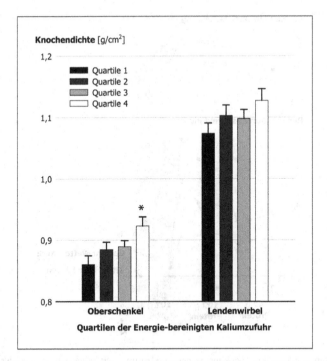

Abb 4: Mittlere (± SEM) Knochendichte an Oberschenkelhals und Wirbelsäule prämeno-
pausaler Frauen (n=336) bei steigenden Quartilen Energie-bereinigter Kaliumzufuhr.
Modifiziert nach [Macdonald et al., 2005].

Auswirkungen der latenten Azidose auf den Calcium- und Knochenstoffwechsel

Bei prämenopausalen Frauen wurde ein Zusammenhang zwischen der Zufuhr
von basischen Nahrungsmitteln und der Knochendichte beschrieben [New et
al., 1997]. Die Zufuhr basisch wirkender Lebensmittelinhaltsstoffe, insbesondere
Kalium und Magnesium, und ein hoher Verzehr von Obst und Gemüse korre-
lierten in einer Studie mit älteren Probanden zwar mit einer höheren Knochendichte, nicht jedoch der Calciumgehalt der verzehrten Lebensmittel [Tucker et
al., 1999].

Epidemiologische Daten zum Einfluss der Ernährung auf den Knochenverlust
während der Wechseljahren zeigen, dass mit abnehmender endogener Säurebildung die Knochendichte am Oberschenkel bei prä- und perimenopausalen Frauen
signifikant zunimmt [New et al., 2004], siehe Abbildung 3. Diese Erkenntnisse
werden durch das Ergebnis einer Studie bestätigt, die den Zusammenhang zwischen Kalium- und Proteinzufuhr, endogener Netto-Säurebildung, potentieller
renaler Säurebelastung und von Knochenstoffwechselmarkern untersucht hat.
Demnach sind eine niedrige Kaliumzufuhr und eine hohe ernährungsbedingte
endogene Netto-Säurebelastung mit einer geringeren Knochendichte am Ober-

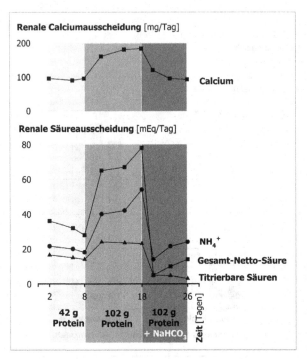

Abb 5: Renale Säure- und Calciumausscheidung bei unterschiedlicher Proteinzufuhr (g/Tag) mit und ohne Natriumbikarbonat-Substitution (70 meq/Tag). Modifiziert nach [Lutz, 1984].

schenkelhals und an den Wirbelsäule bei prämenopausalen Frauen (Abbildung 4) und einer Zunahme der Knochenresorptionsmarker bei postmenopausalen Frauen assoziiert [Macdonald et al., 2005].

Insgesamt weisen die epidemiologischen Daten deutlich auf einen Zusammenhang zwischen den bei der Osteoporose zu beobachtenden Auswirkungen auf den Calcium- und Knochenstoffwechsel und einer geringen Menge der über Jahre verzehrten basisch wirksamen Substanzen aus Obst und Gemüse und hin.

Interventionsstudien bestätigen weitgehend die physiologischen Auswirkungen der latenten Azidose. Abbildung 5 zeigt die Ergebnisse einer Untersuchung [Lutz, 1984], bei der durch eine gesteigerte Eiweißzufuhr eine Säurebelastung künstlich hervorgerufen wurde. Zunächst war erwartungsgemäß ein Anstieg der Säure- (Summe von Ammonium und titrierbaren Säuren) und Calciumausscheidung über die Niere zu beobachten. Durch die gleichzeitige Zufuhr von Natriumbikarbonat als Basenlieferant konnte jedoch der zusätzliche Calciumverlust verhindert werden. Die positiven Effekte einer hohen Basenzufuhr ließen sich auch bei Frauen nach der Menopause durch Interventionsstudien belegen: Die erhöhte Basenzufuhr führte sowohl zu einer Verminderung des Knochenabbaus als auch zu einem Anstieg der Knochenneubildung [Sebastian et al., 1994].

Der Effekt einer Kaliumcitrat-Supplementierung auf den Knochenstoffwechsel wurde bei 46 postmenopauslaen Frauen untersucht, die alle eine verminderte Knochendichte aufwiesen. Die Auswertung der Parameter des Elektrolyt- und Säure-Basen-Haushalts ergab nur unter der Supplementierung mit Kaliumcitrat eine signifikante Abnahme der Netto-Säureausscheidung. Ferner sank die Ausscheidung von Knochenresorptionsmarkern mit dem Urin als Hinweis auf die positiven Effekte, die eine Citratzufuhr auf die Knochengesundheit ausübt [Marangella et al., 2004]. Der äquimolare Austausch von Natrium- bzw. Kaliumchlorid gegen Natrium- bzw. Kaliumbikarbonat führte nicht nur zu einer signifikant verminderten Calciumretention und verminderter Ausscheidung von Knochenmarkern mit dem Urin, sondern auch zu einer Abnahme der mittleren Cortisol-Konzentration im Plasma und der Tetrahydrocortisol-Ausscheidung im Urin [Maurer et al., 2003]. Andere für den Knochen relevante endokrine Faktoren wie Parathormon oder Vitamin D wurden nicht verändert.

Beim Abnehmen und Fasten treten entscheidende Veränderungen im Säure-Basen-Haushalt auf. Allein durch gezielte Basenzufuhr konnte die Calciumfreisetzung aus dem Knochen bei jungen Frauen, die durch Fasten eine Ketoazidose entwickelten, verhindert werden [Grinspoon et al., 1995]. Diäten mit niedrigem Kohlenhydrat- und hohem Proteingehalt (Atkin's) induzieren eine Azidose mit erheblichen negativen Auswirkungen auf die Calciumbilanz und verminderter Knochenneubildung [Reddy et al., 2002].

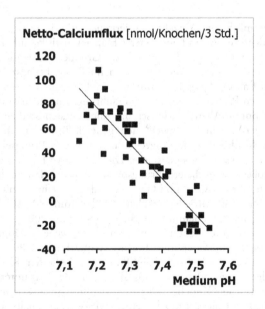

Abb 6: Auswirkungen des Medium-pH auf den Netto-Calciumfluss in isoliertem Knochengewebe. Ein positiver Wert zeigt einen Netto-Calciumausstrom aus den Knochenzellen ins umgebende Medium an, ein negativer Wert einen Netto-Calciumeinstrom. Modifiziert nach [Bushinsky und Frick, 2000].

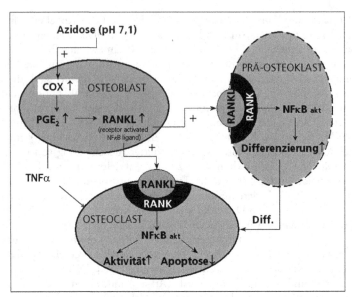

Abb 7: Schematische Darstellung der Azidose-vermittelten Differenzierungskaskade. Modifiziert nach [Frick und Bushinsky, 2003, Frick et al. 2005].

Ältere Frauen mit hohem Verzehr von tierischem Eiweiss wiesen einen schnelleren Knochendichteverlust und ein höheres Hüftfrakturrisiko auf als Frauen mit niedrigem Verzehr [Sellmeyer et al., 2001]. In der Gruppe mit niedrigem tierischem Proteinanteil erlitten deutlich weniger Frauen im Beobachtungszeitraum von 7 Jahren eine Hüftfraktur. Tierische Nahrungsmittel enthalten vorwiegend Säurebildner wohingegen Protein in pflanzlichen Nahrungsmitteln zusammen mit Basenbildnern vorkommt. Allerdings weisen u. a. die neuesten Studien mit Kindern darauf hin, dass der Verzehr von Eiweiß nicht generell für die Knochengesundheit schädlich ist: Bei Kindern hat die Langzeitaufnahme von Nahrungseiweiß anabole Effekte auf die diaphysale Knochenstärke. Dieser positive Effekt wird allerdings teilweise aufgehoben, wenn die ernährungsbedingte Säurebelastung hoch ist, d.h. wenn die Basenzufuhr mit Obst und Gemüse niedrig ist. Kinder mit einer ernährungsbedingt höheren potenziellen renalen Säurebelastung (PRAL) hatten einen signifikant niedrigeren Knochenmineralgehalt [Alexy et al., 2005].

Mehrere in-vitro Untersuchungen mit Knochengewebe bestätigen deren Eigenschaften als potenten Säurepuffer [Bushinsky und Frick, 2000]. Abbildung 6 zeigt die Abhängigkeit des Netto-Calciumflusses von isoliertem Knochengewebe vom pH-Wert des umgebenden Mediums. Bei einem pH-Wert unterhalb von 7,4 strömt Calcium aus den Knochenzellen ins Medium hinaus, wohingegen eine Netto-Aufnahme von Calcium nur bei einem pH-Wert oberhalb von 7,4 nachweisbar war.

Das Wachstum und die Reifung der Osteoklasten hängt vom Zusammenspiel verschiedener Faktoren ab. Eine intrazelluläre Azidose in den Osteoblasten führt zur Bildung des „Rezeptor-aktivierten NFkB-Liganden" (RANKL) und von TNFα (Abbildung 7). Beide Substanzen aktivieren Osteoklasten und verschieben das Gleichgewicht zwischen Knochenauf- und -abbau hin zum Knochenabbau. [Frick und Bushinsky, 2003, Frick et al. 2005].

Durch eine ernährungsbedingte latente Azidose werden aufgrund der Kompensationsmechanismen letztlich zwar keine signifikanten Änderungen des Blut-pH hervorrufen, dennoch führt die Kompensation zwangsläufig zum Verbrauch körpereigener Pufferreserven. Bleibt der übermäßige Verzehr von tierischem Protein bei gleichzeitig mangelnder Basenzufuhr für längere Zeit bestehen, so hat dies negative Auswirkungen auf die Knochenmasse. Der unbestritten positive Einfluss einer obst- und gemüsereichen Ernährung lässt sich deshalb nicht nur mit einer hohen Zufuhr von Mikronährstoffen und sekundären Pflanzeninhaltsstoffen erklären, sondern auch mit den positiven Effekten einer angemessenen Basenzufuhr.

Eine latente Azidose bewirkt auch Änderungen in der Struktur und Funktion des Bindegewebes

Proteoglykane, die stark verzweigten Eiweiß-Zucker-Bausteine, aus denen das Bindegewebe aufgebaut ist, ändern ihre physikalisch-chemischen Eigenschaften bereits bei leichten Änderungen des umgebenden pH. Die negativen Ladungen der Proteoglykane ermöglichen die Anlagerung von Wassermolekülen, die für die Elastizität und Flexibilität des Bindegewebes notwendig sind. Kommt es bei einer latenten Azidose zu einer Neutralisierung negativer Ladungen, nimmt die Wasserbindungskapazität ab und die Elastizität und Flexibilität des Bindegewebes wird vermindert. Auch im Knorpel bilden Proteoglykane zusammen mit gebundenen Hyaluronsäuremolekülen einen hochmolekularen polyanionischen Komplex, der aufgrund seiner hohen Wasserbindungskapazität den wichtigen kompressierbaren Anteil dieses Gewebes darstellt. Eine Azidose der Synovialflüssigkeit vermindert die Elastizität des Knorpels. Bei Patienten mit rheumatoider Arthritis ist der pH der Kniegelenksflüssigkeit signifikant unterhalb des Normbereichs (pH 7,4–7,8) [Farr et al., 1985].

Es konnte gezeigt werden, dass eine Basensubstitution bei Patienten mit seit mindestens 2 Jahren bestehender rheumatoider Arthritis einen günstigen Effekt hatte. Am Ende der 12-wöchigen Untersuchung war der der Index für die Aktivität der Erkrankung (DAS-28) und das Schmerzempfinden, gemessen an einer visuellen Analogskala (VAS), nur in der Gruppe signifikant niedriger, die täglich 30 g einer basischen Nahrungsergänzung (Basica® Vital) im Vergleich zur Kontrollgruppe erhalten hatte. Darüber hinaus konnte die Einnahme von nicht-steroidalen Antirheumatika bzw. Steroiden durch die Basensupplementierung reduziert werden, wohingegen in der Kontrollgruppe keine Reduktion der Medikation in Betracht kam [Cseuz et al., 2005]. Auch Patienten mit chronischen Rückenschmerzen ohne Beteiligung der Wirbelsäule profitierten von einer 4-wöchigen Therapie mit basischen Mineralstoffen als Nahrungsergänzung: Sowohl die Schmerzempfindung als auch die körperliche Beweglichkeit verbesserten sich signifikant, und der Verbrauch von nicht-steroidalen, entzündungshemmenden Antirheumatika (NSAR) konnte deutlich gesenkt werden [Vormann et al., 2001]. Bei fast allen Beschwerdebildern den Magen-Darm-Trakt, den Bewegungsapparat, das Herz-Kreislaufsystem, die Erschöpfungsneigung und die Haut betreffend ließ sich in einer placebo-kontrollierten Untersuchung unter der Therapie mit basischen Mineralstoffen im Vergleich zur Placebogruppe eine erhebliche Verbesserung der Symptomatik verzeichnen [Witasek et al., 1996]. Auch Laborparameter (z. B. Säureausscheidung, Serum-Cholesterin etc.) wurden durch die Basentherapie signifikant vermindert.

Der Einfluss der Ernährung auf die endogene Säureproduktion

Das Zufuhrverhältnis von Säuren und Basen über die Ernährung ist einer der wichtigsten Faktoren bei der Regulation des Säure-Basen-Gleichgewichts. Die Bestimmung der durchschnittlichen intestinalen Absorptionsquoten spezifischer Nährstoffe und die Berücksichtigung ihrer Verstoffwechslung erlaubt eine verlässliche Vorhersage der säure- bzw. basenbildenden Eigenschaften – dargestellt als renale Netto-Säureausscheidung (NAE) – von Lebensmitteln. Die auf der Bestimmung der NAE beruhende PRAL-Methode (Potenzielle Renale Säurebelastung) ist in der Lage, den Einfluss einzelner Nahrungsmittel oder kompletter Diäten auf die Netto-Säureausscheidung im Urin vorherzusagen und hat sich mittlerweile als anerkannte Methode in der Ernährungswissenschaft weltweit etabliert [Remer und Manz, 1995; Remer et al., 2003].

Der Säure-Basen-Haushalt unter evolutionären Aspekten

Man wird sich zunehmend darüber bewusst, dass die tiefgreifenden Veränderungen der Umwelt, der Ernährung und anderer Lebensbedingungen, die vor etwa 10.000 Jahren mit Land- und Viehwirtschaft Einzug hielten, aus evolutionärer Sicht viel zu kurzfristig sind als dass das menschliche Genom sind daran hätte anpassen können. Viele der sogenannten Zivilisationskrankheiten entwickelten sich mangels Übereinstimmung der genetisch determinierten Biologie unserer Vorfahren mit den Ernährungs-, Kultur- und Bewegungsmustern der heutigen westlichen Bevölkerung. Zusätzlich zu der glykämischen Last, der Zusammensetzung der Fettsäuren und der Makronährstoffe, der Mikronährstoffdichte, dem Natrium-Kalium-Verhältnis und dem Ballaststoffgehalt traten im Säure-Basen-Gleichgewicht beträchtliche Veränderungen auf. Ein Vergleich der endogenen Netto-Säureproduktion (NEAP) von 159 retrospektiv analysierten prä-agrikulturellen Ernährungsformen zeigt, dass 87% davon zu einer endogenen Netto-Basenproduktion mit einem mittleren NEAP-Wert von -88 ± 82 meq/Tag führten [Sebastian et al., 2002]. Die durchschnittliche gegenwärtige Ernährung liefert einen Säureüberschuss von 48 meq/Tag und weist ein Ungleichgewicht von Säure- und Basen-liefernden Nährstoffen auf, wodurch eine lebenslange, geringgradige aber pathogenetisch signifikante metabolische Azidose hervorgerufen wird. Der historische Wandel von negativen zu positiven NEAP-Werten ist zurückzuführen auf die Verdrängung von pflanzlichen Lebensmitteln mit hohem Basenanteil in der Ernährung unserer Vorfahren durch Zerealien und Lebensmittel mit hoher Energie- und niedriger Nährstoffdichte in unserer heutigen Ernährung – wobei keins von beiden netto-basenbildend ist [Cordain et al., 2005].

Fazit

Inwieweit die Ernährung auf den Säure-Basen-Haushalt Einfluss nehmen kann, wird seit vielen Jahren kontrovers diskutiert. Akute Azidosen oder Alkalosen lassen sich durch den Verzehr bestimmter Nahrungsmittel nicht erzeugen. Allerdings sind die pathobiochemischen Effekte einer latenten Azidose bei eingeschränkter Nierenfunktion, Diabetes mellitus, Hyperuricämie oder Gicht unbestritten. Auf Grund neuer wissenschaftlicher Erkenntnisse lassen sich die bisher in der Naturheilkunde meist empirisch festgestellten positiven Effekte eines ausgeglichenen Säure-Basen-Haushaltes nunmehr auch kausal belegen. Eine ernährungsbedingte latente Azidose wird aufgrund der Kompensationsmechanismen der Niere zwar keine massiven Änderungen des Blut-pH hervorrufen, dennoch führt die Kompensation zwangsläufig zum Verbrauch körpereigener Pufferreserven und damit vorwiegend zum Verlust von Knochensubstanz, wenn die Säurebelastung durch einen Überschuss an tierischem Protein und Getreideprodukten bei gleichzeitigem Mangel an Basen in der Ernährung langfristig bestehen bleibt. Eine Beeinträchtigung des Muskelproteinstoffwechsels sowie der Struktur und Funktion des Bindegewebes sind weitere negative Folgen der körpereigenen Kompensation, wodurch auch chronischen Schmerzsymptomen wie z. B. bei der rheumatoiden Arthritis Vorschub geleistet wird.

Unsere Vorfahren in der Steinzeit verzehrten eine Kost, die trotz hoher Anteile an tierischem Eiweiß durch einen Basenüberschuss charakterisiert war. Im Gegensatz dazu ist die Ernährung heute in den modernen westlichen Industrienationen durch einen hohen Anteil säurebildender Nährstoffe geprägt. Ein hoher Anteil an von Obst und Gemüse trägt hingegen zur Bildung eines Basenüberschusses im Körper bei.

Literatur

Alexy U, Remer T, Manz F, Neu CM, Schoenau E (2005) Long-term protein intake and dietary potential renal acid load are associated with bone modeling and remodeling at the proximal radius in healthy children. Am J Clin Nutr 82: 1107–1114.
Alpern RJ, Sakhaee K (1997) The clinical spectrum of chronic metabolic acidosis. Homeostatic mechanisms produce significant morbidity. Am J Kidney Disease 29: 291–302.
Bushinsky DA, Frick KK (2000) The effects of acid on bone. Curr Opin Nephrol Hypertens 9: 369–379.
Cordain L, Eaton SB, Sebastian A, Mann N, Lindeberg S, Watkins BA, O'Keefe JH, Brand-Miller J (2005) Origins and evolution of the Western diet: health implications for the 21st century. Am J Clin Nutr 81: 341–354.

Cseuz RM, Bender T, Vormann J (2005) Alkaline mineral supplementation for patients with rheumatoid arthritis. Rheumatology 44 (Supplement 1): i79.

Farr M, Garvey K, Bold AM, Kendall MJ, Bacon PA (1985) Significance of the hydrogen ion concentration in synovial fluid in rheumatoid arthritis. Clin Exp Rheumatol 3: 99–104.

Frassetto L, Morris RC, Sebastian A (1996) Effect of age on blood acid–base composition in adult humans: role of age-related renal functional decline. Am J Physiol 271: F1114–F1122.

Frassetto L, Sebastian A (1996) Age and systemic acid–base equilibrium: analysis of published data. J Gerontol 51A: B91–B99.

Frick KK, Bushinsky DA (2003) Metabolic acidosis stimulates RANKL RNA expression in bone through a cyclo-oxygenase-dependent mechanism. J Bone Miner Res 18: 1317–1325.

Frick KK, LaPlante K, Bushinsky DA (2005) RANK ligand and TNF-alpha mediate acid-induced bone calcium efflux in vitro. Am J Physiol 289: F1005–11.

Grinspoon SK, Baum HBA, Kim V, Coggins C, Klibanski A (1995) Decreased bone formation and increased mineral dissolution during acute fasting in young women. J Clin Endocrin Metab 80: 3628–3633.

Lutz J (1984) Calcium balance and acid-base status of women as affected by increased protein intake and by sodium bicarbonate ingestion. Am J Clin Nutr 39: 281–288.

Macdonald HM, New SA, Fraser WD, Campbell MK, Reid DM (2005) Low dietary potassium intakes and high dietary estimates of net endogenous acid production are associated with low bone mineral density in premenopausal women and increased markers of bone resorption in postmenopausal women. Am J Clin Nutr 81: 923–933.

Marangella M, Di Stefano M, Casalis S, Berutti S, D'Amelio P, Isaia GC (2004) Effects of potassium citrate supplementation on bone metabolism. Calcif Tissue Int 74: 330–335.

Maurer M, Riesen W, Muser J, Hulter HN, Krapf R (2003) Neutralization of Western diet inhibits bone resorption independently of K intake and reduces cortisol secretion in humans. Am J Physiol Renal Physiol 284: F32–F40.

New SA, Bolton-Smith C, Grubb DA, Reid DM (1997) Nutritional influences on bone mineral density: A cross-sectional study in premenopausal women. Am J Clin Nutr 65: 1831–1839.

New SA, MacDonald HM, Campbell MK, Martin JC, Garton MJ, Robins SP, Reid DM (2004) Lower estimates of net endogenous non-carbonic acid production are positively associated with indexes of bone health in premenopausal and perimenopausal women. Am J Clin Nutr 79: 131–138.

Reddy ST, Wang CY, Sakhaee K, Brinkley L, Pak CY (2002) Effect of low-carbohydrate high-protein diets on acid-base balance, stone-forming propensity, and calcium metabolism. Am J Kidney Dis 40: 265–274.

Remer T, Manz F (1995) Potential renal acid load (PRAL) of foods and its influence on urine pH. Am J Diet Assoc 95: 791–797.

Remer T, Dimitriou T, Manz F (2003) Dietary potential renal acid load and renal net acid excretion in healthy, free-living children and adolescents. Am J Clin Nutr 77: 1255–1260.

Sebastian A, Harris ST, Ottaway JH, Todd KM, Morris RC Jr (1994) Improved mineral balance and skeletal metabolism in postmenopausal women treated with potassium bicarbonate. N Engl J Med 330: 1776–1781.

Sebastian A, Frassetto LA, Sellmeyer DE, Merriam RL, Morris RC Jr (2002) Estimation of the net acid load of the diet of ancestral preagricultural Homo sapiens and their hominid ancestors. Am J Clin Nutr 76: 1308–1316.

Sellmeyer DE, Stone KL, Sebastian A, Cummings SR (2001) A high ratio of dietary animal to vegetable protein increases the rate of bone loss and the risk of fracture in postmenopausal women. Am J Clin Nutr 73: 118–122.

Tucker KL, Hannan MT, Chen H, Cupples LA, Wilson PW, Kiel DP (1999) Potassium, magnesium, and fruit and vegetable intakes are associated with greater bone mineral density in elderly men and women. Am J Clin Nutr 69: 727–736.

Vormann J, Worlitschek M, Goedecke T, Silver B (2001) Supplementation with alkaline minerals reduces symptoms in patients with chronic low back pain. J Trace Elem Med Biol 15: 179–183.

Witasek A, Traweger C, Gritsch P, Kogelnig R, Trötscher G (1996) Einflüsse von basischen Mineralsalzen auf den menschlichen Organismus unter standardisierten Ernährungsbedingungen. Erfahrungsheilkunde 45: 477–488.

Kapitel 5

Die intestinale Regulation des Säure-Basen-Haushalts

Harald Stossier

Zusammenfassung
Der Säure-Basen-Haushalt ist ein grundsätzlicher Regulator des Stoffwechsels. Das Zentrum dieser Regulation ist in Verdauungsapparat, wo wesentliche Mengen an sauren und alkalischen Valenzen entstehen und verteilt werden. Für die ganzheitliche Betrachtung ist es wichtig, die Bedeutung der alkalischen Seite zu erkennen. Im Stoffwechsel hat nämlich Natriumbicarbonat wichtigere Aufgaben als die Salzsäure des Magens. Hierzu zählt vor allem die „Entsäuerung der Grundsubstanz".

Ein Überblick in der Regulation kann durch verschiedene Messverfahren gewonnen werden. Dabei ist die intrazelluläre Basenreserve ein besonders wichtiger Parameter, die auch durch die therapeutische Gabe von Natriumbicarbonat verbessert wird.

In der Therapie von Säure-Basen-Störungen ist ein ganzheitlicher Ansatz ebenso wichtig, um nachhaltige Veränderungen zu bewirken. Lebensstiländerung ist die Basis, die Orthomolekulare Substitution heute ein nahezu unverzichtbarer Bestandteil derselben.

Die zentrale Bedeutung des Magens

Die grundsätzliche Bedeutung des Säure-Basen-Haushalts als allgemeines Regulationsprinzip des Stoffwechsels ist unumstritten. Die wesentlichen Aspekte dieser Regulation sind im Verdauungsapparat zu finden. Eine besondere Rolle nimmt hier der Magen ein.

Wie in Abbildung 1 gezeigt, ist der Magen jenes Organ, welches mengenmäßig relevant Säuren und Basen bilden kann. Dies erfolgt nach der Summenformel $H_2O + CO_2 + NaCl \rightarrow HCl + NaHCO_3$. Dieser Prozess wird durch die Carboanhydrase, einem zinkabhängigen Enzym, katalysiert. Hier lassen sich bereits erste Querverbindungen zur orthomolekularen Medizin erkennen.

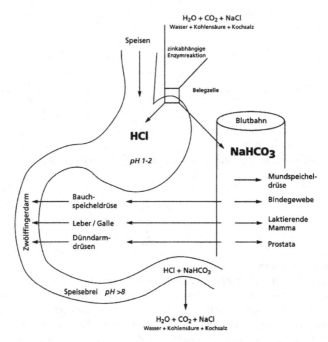

Abb 1: Säure-Basen-Übersicht aus Stossier, Praxishandbuch der modernen Mayr-Medizin Haug Verlag, 2003

Der wesentliche Reiz für die Aktivierung des Säure-Basen-Haushalts stellt die Nahrungsaufnahme dar. Um nämlich die Verdauung starten zu können (speziell die Eiweißverdauung), ist ein saures Milieu im Magen notwendig. Nahrungszufuhr führt also in der Belegzelle des Magens zur Produktion von HCl, welche in den Magen selbst abgegeben wird. In äquimolaren Mengen wird auch Natriumbicarbonat gebildet und an das Blutsystem abgegeben.

Die herkömmliche Betrachtungsweise sieht nur die Säure als für die Verdauung notwendig. Sie ist zweifelsohne wichtig, aber für die eigentliche Verdauung, sowie für die Regulation des Gesamtorganismus in Bezug auf Säuren und Basen ist das Natriumbicarbonat wesentlich wichtiger.

Nachdem die eigentliche Verdauung bei einem pH-Optimum der Enzyme von über 8 abläuft, ist es notwendig, dass die großen Verdauungsdrüsen ein basenreiches Sekret produzieren. Dies betrifft die Speicheldrüsen (Mund und Bauch), die Leber und vor allem den Dünndarm selbst. Nur dadurch ist eine vollständige und zeitgerechte Verdauung möglich. Gelingt es nicht, im oberen Dünndarm ein alkalisches Milieu zu erzeugen, sind bakterielle Fehlverdauungsprozesse wie Gärung und Fäulnis die Folge. Die Bedeutung der Verdauungsdrüsen wird auch dadurch unterstrichen, dass durch den enormen Baseneinstrom in das Blutsystem zu Beginn der Mahlzeit wir sofort eine bedrohliche Alkalose entwickeln würden, wenn nicht die „basophilen Organe" die alkalischen Valenzen aus dem Blut entnehmen würden. Hinzu kommt ein weiterer wichtiger Aspekt. Bedenkt man die anatomische Situation, dass Blutgefäße zwar die Grundsubstanz durchziehen, jedoch nicht unmittelbar in der Zelle münden, so wird auch die Bedeutung der Grundsubstanz in dieser Regulation verständlich. Vom Kapillarbereich zur Zelle durchwandert Natriumbicarbonat die Grundsubstanz. Diese ist aber auch der Speicherort von ausscheidungspflichtigen Metaboliten. Im Wesentlichen handelt es sich hierbei um Säuren, welche in ihrer Gesamtheit unspezifisch als „Schlacken" bezeichnet werden. Natriumbicarbonat reinigt also die Grundsubstanz, bindet und mobilisiert Säuren und ermöglicht deren Abtransport aus der Grundsubstanz. In Bezug zur gesamten Regulation des Säure-Basen-Haushaltes ist dies eine der wesentlichen Aufgaben von Natriumbicarbonat. Dieses „Basenfluten" durch den Organismus und die Grundsubstanz im speziellen kann auch durch geeignete Messverfahren nach Sander gezeigt werden.

pH-abhängige Regulation im Magen

Nachdem Säuren und im speziellen die Salzsäure sehr aggressive Substanzen sind, benötigt der Organismus auch Schutzmechanismen gegen diese Substanzen. Der Magen ist wohl jenes Organ, der dies bezüglich bestens untersucht ist. Eine Schleimschicht schützt das Gewebe vor „Selbstverdauung" durch HCl. Aber auch hier sind gewisse Grenzen einzuhalten.

Um eine hohe Konzentration der Säure im Magen zu verhindern wird bei Hyperacidität die weitere Produktion gedrosselt bzw. gestoppt. Man kann davon ausgehen, dass bei einem pH-Wert von 1–2 keine weitere Säureproduktion stattfindet. Wenden wir in so einer Situation aber den Blick auf den gesamten Stoffwechsel bzw. das Natriumbicarbonat im speziellen, so bedeutet dies auch ein Einstellen der Natriumbicarbonatproduktion. Besteht aber nach wie vor ein Bedarf an basischen Valenzen, so ist eine Bereitstellung derselben nicht möglich. Erst ein „Abarbeiten" der sauren Valenzen im Magen ermöglicht wieder eine Regulation. Dies kann durch Essen erfolgen, oder aber einfach durch orale Zufuhr von Natriumbicarbonat. Damit steigt der pH im Magen und ermöglicht das neuerliche „Zwischenlagern" der HCl im Magen. Man muss für das Erkennen dieses Mechanismus also den Standpunkt der Betrachtung wechseln. Nicht die Säure ist das wichtige, sondern die Base. Die Säure ist nur das Nebenprodukt der Basenproduktion.

Nun wurde dies auch richtig beobachtet, aber leider oft falsch interpretiert. Die Gabe von Natriumbicarbonat bei Hyperacidität führt kurzfristig zu einem pH-Anstieg, der von einer erneuten Produktion von HCl gefolgt wird. Säurelockung nennt man dies. Das ist völlig richtig. Durch das relative Basendefizit im Gewebe versucht der Körper, dies durch vermehrte Produktion im Magen auszugleichen. Die Säure verursacht zwar lokale Probleme (Gastritis, Nüchternschmerz, Ulcus), dies ist aber in der Gesamtschau verständlich und offensichtlich das geringer Übel. Konsequenterweise sollte also so lange Natriumbicarbonat zugeführt werden, bis die Gewebsspeicher und Puffersysteme wieder aufgefüllt sind. Dann löst sich der „Säureeinstrom durch Natriumbicarbonat" von selbst. Diese theoretischen Überlegungen werden durch viele praktische Erfahrungen untermauert. Wir kennen aber noch eine Besonderheit dieses Stoffwechsels. Verwenden wir in der oralen Therapie Natriumbicarbonat, so ist dessen sofortige Neutralisation im sauren Magenmilieu die Folge. $NaHCO_3 + HCl \rightarrow H_2O + CO_2 + NaCl$. Kohlensäure wird meist erleichternd nach oben abgegeben, Wasser und Kochsalz sind unproblematische Substanzen. In demselben Maß jedoch wird dem Stoffwechsel Natriumbicarbonat, welches zuvor equimolar mit Salzsäure gebildet wurde, frei verfügbar. Der nun aus dem Magen kommende Inhalt muss nicht mehr im selben Ausmaß neutralisiert werden, sondern nur mehr um den, durch die Natriumbicarbonatzufuhr reduzierten Anteil. Damit kann das „freigewordene Natriumbicarbonat" in der Grundsubstanz wirken und tatsächliche Säuremobilisation betreiben.

So steht die regulatorische Wirkung von Natriumbicarbonat im deutlichen Gegensatz zu den weit verbreiteten Protonenpumpenhemmern (PPH). Diese verhindern sowohl die Bildung der Säure, als auch der Base. Der kurzfristige Erfolg ist zwar gegeben, jedoch kommt es zu einem „Aushungern der Basenpuffer". Darüber hinaus konnte gezeigt werden, dass die dreimonatige Einnahme von PPH zu einem Anstieg von spezifischen Allergien um 25% führt. Alleine diese Tatsache sollte uns zu denken geben (für die Arbeit, durchgeführt von der Med Uni Wien, wurde der Allergologiepreis verliehen).

Einfluss von Lebensmitteln auf den Säure-Basen-Haushalt

Bereits an dieser Stelle wird der Einfluss von Lebensmittel auf die Säure-Basen-Verhältnisse klar. Durch Lebensmittel werden ebenfalls saure oder basische Valenzen in den Organismus eingebracht. Zusätzlich können durch die Art und Weise der Verstoffwechselung Säuren entstehen (zB durch Gärung oder Fäulnis). Daher lassen sich folgende Lebensmittelgruppen unterscheiden:

Säurespendende Lebensmittel

Dies sind Lebensmittel, die aufgrund der Inhaltsstoffe vorwiegend saure Valenzen zuführen. Dazu zählen alle Arten von Eiweiß, vor allem tierisches Eiweiß in Form von Fleisch, Fisch, Käse, aber auch Getreide, Hülsenfrüchte und die sauren Südfrüchte. Industriekost bzw. -getränke zählen ebenso dazu wie Genussmittel.

Säurewirkung durch Basenentzug

Hier entstehen die Säuren erst im Stoffwechsel. Es sind vor allem die raffinierten, zuckerhältigen Lebensmittel, die hierzu gezählt werden. Fabrikzucker, Auszugsmehle und deren Produkte.

Basenspendende Lebensmittel

Diese führen alkalische Valenzen in Form von Mineralstoffen wie Calcium, Kalium, Magnesium, Zink udgl. zu. Es sind dies vor allem Gemüse, reifes heimisches Obst und die kaltgepressten Pflanzenöle.

Fehlverdauung

Bei mangelhafter enzymatischer Verdauung werden Lebensmittel durch die intestinale Flora abgebaut. Allerdings entwickeln sich Gärungs- und Fäulnisprozesse, die ein stark säuerndes Milieu im Organismus verursachen. So hat auch die Esskultur ihre Bedeutung für die Säure-Basen-Regulation. Siehe hierzu auch Tabelle 1 – Saure und Basische Lebensmittel.

Zusammenfassend lässt sich festhalten, dass basische Lebensmittel helfen, Natriumbicarbonat im Stoffwechsel einzusparen bzw. in der Grundsubstanz besser verwenden zu können. Saure Lebensmittel hingegen führen zu einer Basenmobilisation aus den Speichern und verstärken eine saure Stoffwechselsituation. Eindrucksvoll konnte dies durch eine Arbeit gezeigt werden: Bei eiweißreicher

Sauer	Basisch
Fleisch, Fisch	Gemüse, Kartoffel
Käse	Milch, Schlagsahne
Hülsenfrüchte	Gewürzkräuter
Südfrüchte	Reifes heimisches Obst
Raffinierte Öle und tierische Fette	Kaltgepresste Pflanzenöle
Industriekost und -getränke	
Alkoholika	

Tab. 1: Saure und Basische Lebensmittel

Ernährung (vorwiegend tierisches Eiweiß) ist die Calciumausscheidung im Harn um 74% höher als bei basenreicher Kost. Und dies bereits nach 4 Tagen! Wer also heute noch meint, Ernährung hätte keinen Einfluss auf Säure-Basen-Haushalt und Osteoporose, der irrt gewaltig.

Möglichkeiten zur Messung des Säure-Basen-Haushalts

Die Messung des Säure-Basen-Haushalts erscheint deshalb wichtig und sinnvoll, um obige Regulationsphänomene auch beurteilen zu können. Es haben sich im Wesentlichen vier Methoden durchgesetzt, welche unterschiedliche Beurteilungen ermöglichen.

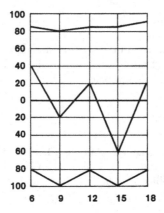

Abb. 2: Säure-Basentitration nach Sander
Die mittlere Kurve zeigt ein idealisiertes Bild von Säure und Basenfluten über den Tag verteilt.
Die obere Kurve zeigt eine „Säurestarre", dh es kommt zu keiner Tageszeit zu einem basischen Milieu, Basenfluten ist völlig aufgehoben.
Die untere Kurve zeigt das Bild einer Alkalose mit eingeschränktem, aber nicht ganz aufgehoben Säure und Basenfluten, theoretisches Bild.

Astrup-Messung

Hier werden entsprechend der Henderson-Hasselbalch-Gleichung die maßgeblichen Faktoren gemessen. Letztlich ist eine gute Beurteilung der pulmonalen Kompensation möglich, ebenso eine Einteilung in respiratorische und metabolische Alkalose und Acidose.

Sander-Messung

Sander war einer der ersten, der sich intensiv mit der Säure-Basen-Regulation beschäftigte. Seine Messmethode bestimmt mittels Titration die gebundenen Säuren und Basen im Harn. Die Messung erfolgt mehrmals täglich, so dass sich eine gute Verlaufsbeobachtung ergibt. Die Messung nach Sander bestätigt das, aus der oben beschriebenen Regulation zu erwartende Basenfluten nach bzw. durch die Mahlzeit. Das Sander-Tagesprofil gibt also Auskunft über eine vorhandene oder eingeschränkte Basen- und Säurefunktion im Tagesverlauf. Siehe auch Abbildung 2.

Jörgensen-Messung

Hier wird eine Titration des Blutes mit 0,1 normaler HCl durchgeführt. Aus dem Verhältnis Vollblut zu Serum ergibt sich die „intrazelluläre Basenreserve". Diese ist eine wichtige Kenngröße für die Möglichkeit des Organismus, auf Säurebelastungen zu reagieren.

Messung nach Vincent

Hier werden in Blut, Speichel und Urin die pH-Werte im Verhältnis zu den Reduktionsäquivalenten gemessen. Diese, etwas aufwendigere Messung erlaubt eine Beurteilung von verschiedene Krankheitstendenzen.

Diese Messverfahren sind nicht als entweder/oder zusehen, keine Methode hat mehr Recht, als die andere. Es sind vielmehr die unterschiedlichen Ansätze in den verschiedenen Medien, die Säure-Basen-Regulation beurteilen zu können. Insofern ergänzen sie sich auch sinnvoll und werden je nach Fragestellung zur Beurteilung herangezogen. In der Praxis bewährt sich vor allem die Messung nach Jörgensen. Sie kann in jeder Praxis rasch und einfach durchgeführt werden und gibt Aufschluss über die so wichtige Basenreserve.

Einteilung der Azidosen nach Sander

Entsprechend seinen Messergebnissen hat Sander die Azidose in folgende Stadien eingeteilt:
• **Akute Azidose**
 akute Erkrankung, mit dem Versuch der Säureelimination
• **Latente Azidose**
 kompensierte Verminderung der Pufferbasen bei konstantem pH-Wert
• **Chronische Azidose**
 hier finden sich bereits klinische Beschwerden sowie eine Reduktion der Basenreserve
• **Lokale Azidose**
 lokale Gewebsschädigung durch Säure (Herzinfarkt)
• **Säuretod**
 Absterben von lebendigem Gewebe durch Säure. Der Tod als finaler Säureanstieg

Diese Einteilung lässt ebenfalls wieder die unterschiedliche Beeinflussung der Regulation erkennen. Für wesentlich ist zu erachten, dass entsprechend dieser Einteilung und den erhobenen Messbefunden alle chronischen Erkrankungen, die meisten unser Zivilisationserkrankungen sowie die wesentlichen ernährungsbedingten Stoffwechselbelastungen den Säureerkrankungen zuzuordnen sind. Daher gilt das Augenmerk in der Therapie eine latente bzw. chronische Acidose regulatorisch zu beeinflussen.

Säureelimination

Die rascheste Ausscheidung durch Säuren erfolgt durch das Abatmen von CO_2 über die Lungen. Natürlich werden auch andere flüchtige Säuren (zB aus Gärungs- oder Fäulnisprozessen) über die Lungen abgeatmet. Dies ergibt die zum Teil äußerst unangenehmen, aber typischen Gerüche.

Die wesentliche Leistung in der Säureausscheidung erbringt jedoch die Niere. Sie verfügt über vier Puffersysteme mit unterschiedlicher Kapazität. Den wesentlichen Anteil hat der Phosphatpuffer. Allerdings muss dieser Puffer immer wieder regeneriert werden. Dies erfolgt durch Mobilisation von Calciumphosphat aus dem Knochengewebe. Als Folge daraus ergibt sich – wie bereits oben erwähnt – ein Calciumverlust bei chronischer Übersäuerung. Damit wird nochmals verdeutlicht, dass Osteoporose mehr mit dem Säure-Basen-Haushalt zu tun hat, als mit einem Hormonmangel. Weiters verfügt die Niere über die Möglichkeit der Natriumrückresorption sowie über einen Ammoniakpuffer. Nur ein kleiner Teil (ungefähr 1%) wird als freie Säuren ausgeschieden.

Letztlich sollte auch die Leber bei der Säureelimination nicht vergessen werden. Ihre Fähigkeit, über Ammoniak Säure abzugeben, ist aktiv steigerbar.

Basentherapie

Um die verschiedenen Kompartimente, in denen sich eine Übersäuerung abspielt, therapieren zu können, ist eine sinnvolle Basentherapie auch auf mehreren Ebenen durchzuführen. Entsprechend den biochemischen Zusammenhängen lassen sich folgende Bereiche unterscheiden:

Bewegung

Durch eine sinnvolle Bewegung im aeroben Bereich kommt es zu einer Elimination von CO_2 und flüchtigen Säuren über die Lunge. Dass Nikotinabusus und andere pulmonale Erkrankungen dies behindern ist selbstverständlich. Eine Basentherapie beginnt aber mit der Motivation und Beratung zu einem Mindestmaß an körperlicher Betätigung.

Flüssigkeitszufuhr

Ohne ausreichende Flüssigkeit kann eine Elimination von Säuren nicht stattfinden. Wasser ist das universelle Lösungsmittel im Organismus. Gerade in diesem Bereich ist es jedoch besonders wichtig, dass das „Richtige" getrunken wird. Wasser (am besten frisches Quellwasser), stilles Mineralwasser, Kräutertee oder Gemüsebrühe sind zu bevorzugen. Fruchtsäfte, Gemüsesäfte, Milch, Alkoholika oder Industriegetränke sind keine frei verfügbaren Flüssigkeiten und daher nicht geeignet.

Basenbetonte Ernährung

Entsprechend der Henderson-Hasselbalch-Gleichung ist ein Verhältnis von Säuren : Basen von 20 : 1 notwendig, um einen pH-Wert von 7,4 sicherzustellen. Dieses Verhältnis ist in der Ernährung weder notwendig noch realistisch. Sinnvoll erscheint eine langfristige basenbetonte Ernährung im Verhältnis von Basen : Säure von 2 : 1. Dies ergibt sich auch aus der Tatsache, dass saure Lebensmittel wesentlich konzentrierter sind und daher ein mengenmäßiger Ausgleich nur die erhöhte Zufuhr basischer Lebensmittel erfolgen kann. Tabelle 2 und 3 zeigen entsprechende Kombinationen. Wichtig ist, dass dies nicht fanatisch kleinlich betrachtet wird. Ein Ausgleich je Mahlzeit ist wichtig, ebenso aber im Tagesverlauf, im Wochenrhythmus oder Jahresrhythmus. Wir haben grundsätzliche Möglichkeiten der Kompensation und sterben nicht den Säuretod nach einer „Schlacht am kalten Buffet". Es sind aber entsprechende Erholungs- und Kompensationsphasen notwendig.

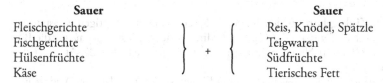

Sauer		Sauer
Fleischgerichte		Reis, Knödel, Spätzle
Fischgerichte	+	Teigwaren
Hülsenfrüchte		Südfrüchte
Käse		Tierisches Fett

Tab. 2: Lebensmittelkombinationen mit Säureüberschuss

Sauer		Basisch
Fleischgerichte		Gemüsebrühe/-suppe
Fischgerichte		Gemüsesauce
Hülsenfrüchte	+	Kartoffel/Kräuter
Käse		Reifes heimisches Obst
Eier		Kaltgepresste Pflanzenöle

Tab. 3: Lebensmittelkombinationen im Säure-Basengleichgewicht

Orthomolekulare Therapie

Die Substitution basischer Substanzen im Sinne der orthomolekularen Medizin wird heute immer wichtiger. Allen voran ist hier **Natriumbicarbonat** zu nennen. Dies war schon lange im alltäglichen Gebrauch. Als Speisesoda ist es heute noch in vielen Küchen zu finden.

Günstiger erscheint heute die Gabe von **Basenpulver**. Hier ist Natriumbicarbonat nach wie vor Hauptbestandteil, aber auch andere, an der Säure-Basen-Regulation wichtige Substanzen werden berücksichtigt. Hier ist vor allem das **Kalium** zu nennen. Als intrazelluläres Mineral ist es gemeinsam mit dem extrazellulären Natrium für das Membranpotential verantwortlich. Bei einer Hyperkaliämie wird Kalium von Intra- nach Extrazellulär verschoben. Zur Aufrechterhaltung des Membranpotentials wird in der Folge H^+ nach intrazellulär wandern. Dies führt zu einer intrazellulären Acidose, welche sich weitgehend der Regulation entzieht. Daher ist die Substitution von Kalium, zB gemeinsam mit Natriumbicarbonat im Basenpulver, sinnvoll. In Abbildung 3 ist die Zusammensetzung einer Basenpulvermischung ersichtlich.

Na$_2$HPO$_4$	10,0
NaHCO$_3$	80,0
CaCO$_3$	90,0
K-citrat	20,0

M.d.s. Basenpulver
1 Tl in ¼ l Wasser zwischen den Mahlzeiten

Abb. 3: Basenpulver nach Dr. Stossier

Auch **Zink** gehört zu den im Säure-Basen-Haushalt wichtigen Substanzen. Zink ist aktives Zentrum der Carboanhydrase, jenes Schlüsselenzyms für die Bildung von HCl und Natriumbicarbonat. Sein Mangel reduziert die Aktivität der Carboanhydrase.

Calcium ist für die Regeneration der Mineralspeicher bei latenter Acidose unumgänglich. Zur Vermeidung einer ossären Entmineralisierung sollte es frühzeitig zugeführt werden.

Die allgemeine Vorgangsweise bei orthomolekularer Substitution ist die orale Therapie. Die entsprechenden Richtlinien sind dabei zu berücksichtigen. Vor allem wird Basenpulver ausschließlich zwischen den Mahlzeiten verabreicht. Zu den Mahlzeiten gegeben reduziert es die für die Verdauung notwendige Säure und ist daher kontraproduktiv.

Je nach klinischer Notwendigkeit können obige Maßnahmen bei entsprechender Indikationsstellung aber auch als Infusionstherapie durchgeführt werden.

Zusatzmaßnahmen

Im naturheilkundlichen Bereich gibt es noch eine Reihe von sinnvollen Maßnahmen. Diese dienen im Wesentlichen der Entsäuerung und unterstützen die entsprechenden Organe in ihrer Funktion. Hierzu zählen so genannte Auslauge- oder Basenbäder, wo die Haut als Ausscheidungsorgan genützt wird. Diese können als Teilbäder (Fuß, Rumpf) oder Vollbäder eingesetzt werden. Auch die Sauna, Infrarot oder gar Hyperthermie wirken in diese Richtung.

Abschließend sei festgehalten, dass die Regulation des Säure-Basen-Haushalts eine vitale Bedeutung hat. Die langfristigen Auswirkungen einer Fehlregulation sind im Wesentlichen Auswirkungen unseres Lebensstils inklusive unserer Ernährungssituation. Die einfachen Maßnahmen zur Gegensteuerung zeigen, dass es ein leichtes wäre, langfristig einen aktiven Beitrag zur Gesunderhaltung zu leisten. Sauer macht nicht nur lustig, sondern vor allem krank.

Literatur

Buclin T, Cosma M, Appenzeller M et al (2001) Diet Acids and Alkalis Influence Calcium Retention in Bone. Osteoporos Int, 12: 493–499.

Glaesel KO (1989) Heilung ohne Wunder und Nebenwirkungen, Labor Glaesel Verlag Konstanz.

Jörgensen HH, Das Kaliummißverständnis, Vortrag im Rahmen der medizinischen Woche Baden-Baden am 2.11.1995.

Sander F (1985) Der Säure-Basen-Haushalt des menschlichen Organismus, 2. Auflage, Hippokrates Verlag.

Stossier H (2003) Praxishandbuch der modernen Mayr Medizin, Haug Verlag.

Untersmayr E, Jensen-Jarolim E et al, Antacid Medication Inhibits Digestion of Dietary Proteins and Causes Food Allergy: A Fish Allergy Model in Balb/c mice", Journal of Allergy and Clinical Immunology 2003, 112: 616–23.

Worlitschek M, Mayr P (2001) Der Säure-Basen-Einkaufsführer, Haug Verlag.

Worlitschek M (2000) Der Säure-Basen-Haushalt, 3. Auflage, Haug Verlag.

Worlitschek M (1993) Praxis des Säure-Basen-Haushaltes, 2. Auflage, Haug Verlag.

Kapitel 6

Die extrazelluläre Matrix als Attraktor für Verschlackungsphänomene

Hartmut Heine

Zusammenfassung
Zirkadianrhythmisches Säure-Basen Fluten in der Extrazellulären Matrix steht miteinander in Rückkopplung als physiologische Basis des Zellstoffwechsels. Die Extrazelluläre Matrix (ECM) ist dabei über den Kochsalzkreislauf der Puffer verbunden, der die Verhältnisse so aufeinander einstellt, dass der lebensnotwendige Leberrhythmus erhalten bleibt. Abweichungen von diesen Rückkopplungen sind als Ausgangspunkt der Verschlackung der ECM immer mit einer latenten Azidose verbunden. Messbar ist dies an einem chronisch saurem pH des Harns. Therapeutisch steht daher exogene Basenzufuhr im Mittelpunkt.

Bau und Funktion der extrazellulären Matrix

Die extrazelluläre Matrix (ECM; Grundsubstanz) ist ein jeder Zelle vorgeschaltetes Molekularsieb aus Proteoglykanen/Glykosaminoglykanen (PG/GAGs), Strukturglykoproteinen (Kollagen, Elastin) und Vernetzungsglykoproteinen (u. a. Fibronektin, Laminin). Die PG/GAGs sind das strukturelle Grundelement der ECM. Aufgrund ihrer Negativladungen sind sie zur Wasserbindung und Ionenaustausch befähigt. Die ECM ist über Kapillaren und vegetative Nervenfasern an das Hormon- und zentrale Nervensystem angeschlossen. Jedes somato-psychische und psycho-somatische Ereignis spiegelt sich daher in der Organisation der ECM wieder. Die ECM wird peripher durch Fibroblasten, zentral durch Astrozyten gebildet. PG/GAGs strukturieren ein poröses Polysaccharidgel mit enormer Oberfläche, wodurch sich außerordentlich vielfältige Möglichkeiten zur Bildung chemischer Verbindungen ergeben. PGs durchsetzen auch die Zellmembran und kontaktieren dadurch das Zellskelett mit Auswirkung auf das gesamte Zellverhalten. Sie interagieren nicht-kovalent über ihre Zuckerseitenketten, wobei ein PG-Paar in der Lage ist das Gewicht von ca. 1600 Zellen zu halten. Zusammen bilden

ECM und Zellen ein viskoelastisches System, das sich bei Einwirkung äußerer
Kräfte selbststabilisierend in Ordnung hält ("Tensegrität"). Die ECM stellt daher
für alle extern und intern wirkende Kräfte einen Attraktor nach Art gekoppelter
Federn dar wodurch kleine Ursachen sehr große Wirkung haben können (Heine,
2004).

Durch die Bindung von Kieselsäure (Si) an die PG/GAGs erhält die ECM
die Funktion einer "Nanokompositenmembran". Dadurch bekommen kleine wie
große Moleküle die gleichen Diffusionsmöglichkeiten. Si hat Halbleitereigen-
schaften, die hochgeeignet sind zum Abfangen von Radikalen unter Aussendung
von Photonen. Dadurch werden wiederum alle Zellfunktionen beeinflusst. Die
PG/GAGs – Si Komplexe stellen redoxaktive Makromoleküle dar, die außerordentlich empfindlich gegen Verunreinigungen sind, wie z. B. Schwermetallionen
aus der Umwelt. Sie werden von einem monomolekular "gespannten" Wasser-
film überzogen ("stretched water"), dessen Energiestatus viele Katalysen bewirken
kann (Heine, 2004).

Leben bedeutet in individuellen Zeiträumen "Stress" (Beruf, Psyche, Umwelt,
Ernährung, Altern u. a. m.). Dies führt u. a. zu einem erhöhten Katecholamin-
spiegel mit reaktiver qualitativer und quantitativer Veränderung der ECM Komponenten. Es werden dann u. a. vermehrt Matrix-Komponenten durch aktivierte
proteolytische und hydrolytische Enzyme abgebaut; andererseits PGs synthetisiert, die vermehrt Lipide abfangen können (z. B. Dermatansulfatprotein) (Heine,
2004). Die Zellen reagieren auf Stress u. a. mit erhöhter Bildung von Sauerstoffradikalen (ROS). Dadurch entsteht eine proinflammatorische Situation, die mit Erhöhung von Akut-Phase Proteinen einhergeht und zu vermehrter Produktion von
Tumornekrosefaktor-alpha (TNF-α) aus Monozyten/Makrophagen führt. Dies
führt zu Glukoseverwertungsstörungen ("Insulinresistenz"), erhöhter Labilität des
Gerinnungssystems, Hyperlipidämie und Neigung zu chronischen Entzündungen
("metabolisches Syndrom"). Glukoseüberschuss hat nichtenzymatische Glykosi-
lierungen aller Zuckerkomponenten in der ECM zur Folge (advanced glycation
endproducts, AGEs). Durch ROS werden die AGEs unter Einschluss von Lipiden
zu großen unlöslichen Molekülen polymerisiert. Dieser als "Verschlackung" der
ECM zu bezeichnende Vorgang mündet in eine positive Rückkopplung mit der
Gefahr der Entwicklung chronischer Krankheiten und Tumoren (Heine, 2004).

Ver- und Entschlackung als physiologische Prozesse

Der Begriff "Verschlackung" hat große Bedeutung in der Ganzheitsmedizin jedoch aus Unkenntnis der Grundregulation nicht in der Schulmedizin. Reversible
Ver- und Entschlackung sind jedoch notwendige Teilprozesse des ernährungs-
und zirkadianrhythmisch bedingten die Homöostase erhaltenden Säure-Basen-
flutens im Organismus (Sander, 1985; Zander1993; Worlitschek, 2003). Zentrale
Bedeutung kommt dabei dem Kochsalz(NaCl)kreislauf zwischen Magen, Duodenum, Pankreas, Leber und ECM zu [Abbildung 1 (Sander, 1985; Zander1993;
Worlitschek, 2003)]. Er ist an die untereinander rückkoppelnden zirkadianrhythmisch eingestellten Zeitgeber im Hypothalamus (Nucleus suprachiasmaticus als
"Master Clock") und den dort gelegenen Appetitkontrollzentren (Nucleus arcua-

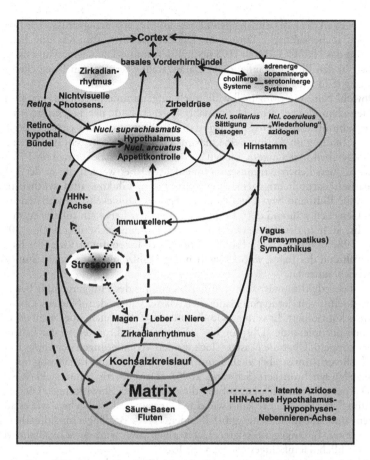

Abb. 1: Zentrale Bedeutung des Kochsalzkreislaufes im zirkadianrhythmischen Säure-Basen
Fluten des Körpers

tus) gebunden (Schwartz, 2005). Diese stehen in Verbindung mit der Zirbeldrüse
(zirkadiane Melatoninbildung, Schlaf-Wachrhythmus), dem Sättigungszentrum
(parasympathischer Nucleus solitarius) und dem sympathischen Nucleus coeru-
leus („Wunsch nach Wiederholung"). Aus der Peripherie erreichen afferente Va-
gusfasern der Magenwand dem Nucl. solitarius und regen bei leeren Magen das
Hungergefühl an (Abb. 1) (Sander, 1985; Schwartz, 2005; Zilles, 1993). Auf hu-
moralem Weg wird bei leerem Magen von den Salzsäure-bildenden Belegzellen
(Parietalzellen) der Magenschleimhaut das orexigene (Hunger auslösende) Peptid
Ghrelin gebildet, das aktivierend auf das Appetitzentrum im Nucleus arcuatus
wirkt (Korner, 2003).

Die bei Nahrungsaufnahme aus den Belegzellen der Magendrüsen in das Lu-
men freigesetzte Salzsäure (HCl) führt gleichzeitig im basolateralen Drüsenzell-
bereich zur Freisetzung einer äquivalenten Menge an basischen Natriumhydro-
genkarbonat ($NaHCO_3$). Es gelangt in die unterlagernden Kapillaren und über

den Blutweg in die basenabhängigen Darm- und Darmanhangsdrüsen (Brunner-sche- und Lieberkühnsche Drüsen im Duodenum sowie Pankreas und Leber). Dort wird das $NaHCO_3$ durch HCl neutralisiert und gelangt als resynthetisiertes Kochsalz in den Blutkreislauf zurück. Darauf steht es erneut den Belegzellen zur Verfügung (Sander, 1985).

Obwohl Nahrung prinzipiell willkürlich aufgenommen werden kann, gilt für den Menschen, dass er seine Hauptmahlzeit gegen Ende der Tagesmitte (ca. 13 Uhr) einnimmt. Der tiefere Sinn liegt darin, weil synchron mit einsetzender hoher HCL Bildung im Antiport eine maximale „Basenflut" entsteht und diese mit der endogen bedingten tageszeitlichen „sekretorischen" Phase (etwa 8 bis 19 Uhr) des zirkadianen Leberrhythmus zusammenfällt. Dabei werden die in der Leber enzymatisch harnpflichtig gemachten Substanzen, Glukose und synthetisierte Galle in die Blutbahn bzw. Duodenum abgegeben. Umgekehrt tritt „Basenebbe" in den Geweben während der „Assimilationszeit" der Leber ein (überwiegend 22 bis 6 Uhr), d. h. in der Zeit der Glykogen- und Proteinspeicherung (Heine, 2004; Sander, 1985; Zander, 1993). Frühstück und Abendessen unterstützen das Basenfluten während des Tages, wobei zwischen den Mahlzeiten kurze (ca. 2 Stunden) Basenebben auftreten.

Der Leberrhythmus ist somit an der Steuerung des Hungergefühls beteiligt und wird selbst von der hypothalamischen Master Clock, dem Nucleus suprachiasmaticus kontrolliert. Er verfügt wie alle anderen Zellen auch über nichtvisuelle, Photonen-perzipierende „Uhrproteine", die mit den Uhrproteinen der Leberzellen rückkoppeln. Über die Master Clock werden Veränderungen der Umwelt, vor allem Lichtverhältnisse aber auch Temperatur, Verhalten und Ernährung mit den Körperzellen synchronisiert (Schwartz, 2005). „Der Leberrhythmus stellt eine „Sinuswelle per 24 Stunden" dar, auf der die alimentären Einwirkungen höchstens „Obertöne" verursachen; er kann wie eine Uhr vor- und nachgehen, wie es auch Morgen- und Abendmenschen gibt" (Sander, 1985). Bei längerem Aufenthalt in Breiten mit z. B. entgegengesetzten Lichtverhältnissen wird der Zirkadianrhythmus allmählich darauf eingestellt (Sander, 1985).

Rhythmisches Basenfluten ist notwendig, weil das dabei im Überschuss auftretende $NaHCO_3$ die in der ECM vor allem an Kollagenfasern haftenden sauren Zellstoffwechselprodukte (Schlacken) wieder lösen und neutralisieren kann, unterstützt von den in den Wasserdomänen der PG/GAGs gelösten Puffersystemen. Die Schlacken werden in den Kreislauf gebracht, von der Leber „assimiliert", harnpflichtig umgebaut und über die Nieren unter Rückgewinnung von Natriumionen ausgeschieden. Dabei wird überschüssiges Natrium der Basenflut mit ausgeschieden wodurch der Harn basisch mindest jedoch neutral wird (Sander, 1985; Zander, 1993; Worlitscheck, 2003).

Die Basenebbe während der nächtlichen assimilatorischen Leberphase führt dagegen bei gleichzeitiger Glykogenspeicherung zum „Austreiben" zellulärer Abbauprodukte in die ECM, wo sie von den dort vorrätigen Puffern neutralisiert werden und nach Abgabe in das Blut direkt über die Niere unter maximaler Natriumrückgewinnung (zur Regeneration der Puffer) ausgeschieden werden. Dadurch wird der Nachtharn im Unterschied zum Tagharn sauer (Sander, 1985; Zander, 1993; Worlitscheck 2003). Eine Säureflut gibt es daher nur im Harn, im Organismus entspricht ihr eine Basenebbe (Sander, 1985). Saurer Harn repräsentiert eine verminderte Alkalireserve in der ECM der Gewebe aber keine freien Säuren. Praktisch lassen sich Basenfluten und Basenebben am besten aus dem Harn-pH messen (Sander, 1985).

Verschlackung der ECM

Viele Lebensumstände z. B. basenarme Ernährung („fast und junk food") wie auch Krankheiten, speziell chronische, führen zu einer erhöhten Sympathikusaktivität mit vermehrter Entzündungsbereitschaft und latenter Azidose. Die dabei aus Makrophagen und Granulozyten freigesetzten Entzündungsmediatoren, vor allem die Zytokine TNF-alpha, IL-1 und IL-6 führen zu einer erhöhten Aktivität proteolytischer und hydrolytischer Enzyme in der ECM, unterstützt von Seiten der Leber u. a. durch erhöhte Produktion von Akut-Phase Proteinen, die wiederum die proinflammatorische Reaktion verstärken (Sander, 1985; Heine, 2003; Berg, 2005). Die vermehrt anfallenden sauren Stoffwechselprodukte schöpfen zunehmend die Pufferreserven aus, sodass sie selbst bei Basenfluten nicht ausreichend regenerieren können. Die unter diesen Bedingungen notwendige nahezu vollständige Rückresorption von Basenäquivalenten durch die Nieren lassen im Harn kein Säure-Basenfluten mehr erkennen, der Harn bleibt sauer (Sander, 1985; Zander, 1993; Worlitscheck 2003). Für die ECM bedeutet dies, dass die zirkadianrhythmische Aufnahme, Speicherung und Abgabe von Stoffwechselprodukten gestört wird. Denn das Ablösen der an Kollagen und PG/GAGs gebundenen vermehrt anfallenden sauren Moleküle und ihre Neutralisierung durch Alkalipuffer kann nicht mehr ausreichend erfolgen. Die ECM beginnt nun unter dem Bild einer latenten Azidose zu verschlacken. Letztlich werden die nicht mehr von den ECM Komponenten bindbaren und auch nicht ausreichend pufferbaren Säuren ins Blut verschoben (z. B. Ketosäuren beim Diabetiker), wo sie dann die Pufferkapazitäten des Blutes belasten (Sander, 1985).

Die Tensegrität der ECM wird dadurch ebenfalls verschlechtert, wodurch spannungssensitive Gene der Bindegewebszellen aktiviert werden, die u. a. Makrophagen zu weiterer Bildung proinflammatorischer Zytokine und Fibroblasten zur Synthese inadäquater ECM Komponenten wie zu stark säurebindendes Kollagen und schlecht vernetzte PG/GAGs anregen. Inadäquat heißt „situationsgerecht" da die ECM Synthese ohne Unterscheidung von „Gut und Böse" erfolgt (Heine, 2004). Damit verschlechtert sich die Funktion der ECM als Molekularsieb und eigentlicher Regulator des Zellstoffwechsels. In der Folge entwickeln sich eine Vielfalt vegetativer, funktioneller und psychischer Symptome ohne eindeutige Hinweise auf deren Ursachen (Sander, 1985; Berg, 2005).

Therapeutische Möglichkeiten

Das Krankheitsbild der „latenten Azidose" stimmt auffällig mit Syndromen überein, die stark von individuellen Gegebenheiten geprägt und nicht kausal fassbar sind, wie das chronische Müdigkeitssyndrom, depressive Verstimmung, viszerale Hyperalgie, Fibromyalgie, multiple Chemikaliensensivität, Dysmenorrhoe, posttraumatisches Syndrom und Zwangsstörungen (Sander, 1985; Berg, 2005). Diese Patienten stellen für den praktischen Arzt eine erhebliche vor allem zeitliche Herausforderung dar, insbesondere weil er sich nicht auf zuverlässige diagnostische Kriterien stützen kann. Prinzipiell werden aber auch alle ursächlich fassbaren chronischen Krankheiten von einer latenten Azidose begleitet („Begleitazidose") (Sander 1985; Heine, 2004).

Ursachen einer latenten Azidose sind pathologische Säurebildung im Organismus und/oder Basen-Mangelversorgung (Sander, 1985). Auf latente Azidose zu prüfen ist meist nicht bekannt oder wird vernachlässigt, obwohl z. B. bereits ein einfacher Test des Harn-pH mittels pH-Papier wichtige Hinweise geben kann (zur Praxis der Prüfung auf latente Azidose s. Sander (1985), Worlitschek (2003)).

Wenn auch die Behandlung der Grundkrankheit im Mittelpunkt steht, darf keinesfalls vergessen werden eine antazidotische Behandlung mit einzubeziehen (Korner, 2003, Heine, 2004). Denn keine Therapie erzeugt per se basische Valenzen, sie müssen exogen durch fixe Basen ($NaHCO_3$) direkt und/oder Vollwertkost zugeführt werden. Dazu gehört auch körperliche Bewegung um die aus $NaHCO_3$ und HCl entstehende Kohlendioxyd besser abatmen zu können (Korner, 2003). Stressabbau ist ebenfalls zum Abbau der proinflammatorischen Situation im Organismus notwendig (Heine, 2004; Berg, 2005). Je stärker eine Azidose ist und je länger sie bereits besteht umso weniger disponible Basen sind noch vorhanden, entsprechend höher muss die Basenzufuhr sein. Ob eine „Umstimmung" erfolgt, kann wiederum leicht aus dem pH-Tagesprofil des Harns ersehen werden.

Literatur

Berg PA (2005) Neuroimmunologische Aspekte funktioneller somatischer Syndrome. Dtsch Med Wochenschr 130: 107–113.

Heine H (2004) Grundregulation – eine Synthese medizinischen Denkens. Dt Ztschr f Akup 47: 7–19.

Korner J, Leibel RL (2003) To eat or not eat – how the gut talks to the brain. N Engl J Med 349: 926–928.

Sander FF (1985) Der Säure-Basenhaushalt des menschlichen Organismus. 2. Aufl. Hippokrates Verlag, Stuttgart.

Schwartz MW, Porte DJr (2005) Diabetes, obesity, and the brain. Science 307: 375–389.

Worlitschek M (2003) Die Praxis des Säure-Basen-Haushaltes. 5. Aufl. Haug, Stuttgart.

Zander R (1993) Physiologie und Klinik des extrazellulären Bikarbonat-Pools: Plädoyer für einen bewussten Umgang mit HCO_3. Infusionstherapie, Transfusionsmedizin; 20: 217–235.

Kapitel 7

Kann Übersäuerung laborchemisch gemessen werden?

Manfred Herold

Zusammenfassung
Übersäuerung ist in der ganzheitsmedizinischen Beurteilung von Personen ein häufig verwendeter Begriff und dient der Erklärung verschiedener Mißempfindungen und Krankheitssymptome. Eine genaue Begriffsbestimmung fehlt, ebenso wie eine genaue Definition, in welcher Körpersubstanz eine Übersäuerung gemessen werden könnte.

Die Bestimmung des Säuregehalts in einer Flüssigkeit ist meßtechnisch einfach. Die Sinnhaftigkeit einer physikalisch-chemischen Bestimmung des Säuregehalts in Körperflüssigkeiten zur Beurteilung einer Übersäuerung im ganzheitsmedizinischen Sinn ist fraglich, da Puffersysteme den Säuregehalt in allen Körperflüssigkeiten in einem mit dem Leben vereinbaren Bereich konstant halten. Schwankungen innerhalb dieses Bereichs entsprechen physiologischen, meist tageszeitlich bedingten Änderungen die größer sind als jene Verschiebungen, wie sie durch eine angenommene Übersäuerung des Körpers erfolgen könnten.

Übersäuerung ist in der Ganzheitsmedizin ein häufig verwendeter Begriff zur Beschreibung von Missempfindungen und Fehlreaktionen des Körpers, wobei eine genaue Begriffsbestimmung für den Ausdruck Übersäuerung bisher noch nicht vorliegt. Bei Suche in der am meisten verwendeten elektronischen Suchmaschine Google (Februar 2005) wurden innerhalb von 0,106 Sekunden circa 85.700 Zitate gefunden, die den Begriff Übersäuerung enthalten. Bei neuerlicher Suche nach einer Definition für Übersäuerung wurde ein einziges Zitat angezeigt, das Übersäuerung als deutsche Übersetzung für den pathophysiologischen Ausdruck Azidose angibt.

Aus chemischer Sicht bedeutet Übersäuerung einen Überschuss an Säure. Für den Begriff der Säure gibt es mehrere chemische Formulierungen, wobei die einfachste Definition zurückgeht auf Svante August Arrhenius, schwedischer Physiker und Nobelpreisträger für Chemie 1903, und Säuren als Substanzen bezeichnet werden, die in wässriger Lösungen H⁺-Ionen freisetzen (Herold und Welzl 1987).

Wasser ist das wesentliche Element für Leben und der Hauptbestandteil des menschlichen Körpers. Wasser in der chemischen Formel H_2O spaltet sich in sehr geringem Ausmass in H⁺- und OH⁻-Ionen. Im neutralen Zustand liegen gleich viel H⁺ wie OH⁻-Ionen vor (Abbildung 1). Um umständliche Schreibweisen mit negativen Hochzahlen und komplizierten Konzentrationsangaben zu vermeiden, hat man sich auf die einfache Schreibweise in Form des pH-Wertes geeinigt. Der pH-Wert ist der negative dekadische Logarithmus der Wasserstoffionenkonzentration und damit ein Maß für die sauren oder basischen Reaktion einer Lösung. Der Begriff pH leitet sich von pondus Hydrogenii oder potentia Hydrogenii (lateinisch pondus = Gewicht; potentia = Kraft; hydrogenium = Wasserstoff) ab (Enzyklopädie Wikipedia 2005).

Im wässrigen Medium bewegt sich die pH-Skala zwischen Werten von 0 bis 14. Rein rechnerisch kann der pH-Wert einer Lösung den definierten Bereich selbstverständlich unter als auch überschreiten. Eine hochkonzentrierte starke Säure wie zum Beispiel konzentrierte Salzsäure hat theoretisch berechnet einen negativen pH-Wert (Tabelle 1). Praktisch werden aber Werte außerhalb des Bereichs von 0 bis 14 nicht angegeben, da bei solchen Konzentrationen die Bedingungen nicht mehr gegeben sind, die das Vorliegen einzelner Ionen ermöglichen und damit die Basis bilden zur pH-Berechnung.

pH Messen ist äußerst einfach und kann zum Beispiel mit Hilfe von Farbstoffen erfolgen, die auf eine Änderung des pH-Werts durch Farbumschlag reagieren. Das bekannteste Beispiel ist die Substanz Lackmus. Andere pH Indikatoren sind zum Beispiel Methylorange, Kongorot oder Phenolphtalein. Im täglichen Leben machen wir häufig die Erfahrung einer einfachen pH Indikation. Wenn man in eine Tasse mit schwarzen Tee einen Tropfen Zitrone eintropft beobachtet man rasch eine Hellverfärbung des vormals dunklen Tees. Die Ursache ist nicht der Verdünnungseffekt durch den Tropfen Zitronensäure, sondern die Farbänderung des Schwarztees durch die pH-Änderung der Teelösung. Andere praktisch einfach durchzuführende Messungen zur Ermittlung des pH-Werts nützen die Änderung einer elektrochemischen Spannung durch pH-Änderung der Meßlösung aus.

Körperflüssigkeiten und andere Flüssigkeiten, die als Nahrungsmittel aufgenommen werden, bewegen sich in einem relativen schmalen pH-Bereich (Tabel-

$$H_2O \leftrightarrow H^+ + OH^-$$

$$[H^+] = [OH^-] = 10^{-7} \text{ mol/l}$$
$$pH = pOH = 7$$

$$H_2O \text{ hat pH} = 7$$

Abb. 1: Dissoziation des Wassers in H⁺ und OH⁻ Ionen. Die Konzentration der H⁺ und OH⁻ Ionen ist in neutralem Wasser gleich und beträgt bei Zimmertemperatur 10^{-7} mol/l. Zur einfachen Schreibweise wurden die Bezeichnungen pH und pOH eingeführt, deren Wert sich aus dem negativen dekadischen Logarithmus der zugehörigen Konzentrationen ergibt.

Lösung	pH	Lösung	pH
Salzsäure 35%	-1	reines Wasser	7
Salzsäure 3,5%	0	Blut	7,4
Salzsäure 0,35%	1	Galle	8
Magensaft	2	Dünndarmsekret	8
Speisessig	3	Waschmittellösung	10
Wein	4	Ammoniak konzentriert	12
Kaffee	5	Natronlauge 3%	14
Speichel	6	Natronlauge 30%	15

Tab. 1: Beispiele für pH-Werte in verschiedenen bekannten Flüssigkeiten

le 1). Als Beispiel für ein äußerst saures Milieu ist Magensäure mit einem pH von ungefähr 2, im Gegensatz dazu hat Darmsaft ein alkalisches Milieu mit einem pH-Wert von ungefähr 8. In der pH-Wertskala ist der Sprung zwischen Magensäure und Magendarmsaft 6 Einheiten, rechnerisch gesehen in mmol/l ausgedrückt liegt aber die H^+Ionenkonzentration im Magensaft um 1.000.000 mal höher als im Darmsaft.

In biologischen Flüssigkeiten (Wissenschaftliche Tabellen Geigy 1977) wird der pH-Wert in einem außerordentlich schmalen Bereich konstant gehalten (Tabelle 2). Für einen konstanten pH-Wert in den unterschiedlichen Körperflüssigkeiten sorgen Puffersysteme. Chemische Puffersysteme sind Kombinationen von schwachen Säuren oder schwachen Laugen mit deren Salzen, die einen Überschuss von H^+ oder OH^--Ionen abfangen und dadurch den pH-Wert konstant halten können. Die effizientesten Puffersysteme im Blut sind der Kohlensäure-Bikarbonatpuffer, das Hämoglobin in den Erythrozyten, die Plasmaproteine im Serum und der Phosphatpuffer.

Neben den Puffersystemen sorgen die inneren Organe ebenfalls für eine Konstanthaltung des pH-Wertes. Die Lunge hat neben der Sauerstoffaufnahme als

Blut arteriell	7,37 – 7,45
Intrazelluläre Flüssigkeiten	6,9 – 7,2
Harn	4,5 – 8,2
Speichel	5,8 – 7,1
Galle	6,5 – 8,6
Pankreassaft	7,0 – 8,8
Fäzes	5,9 – 9,4
Tränenflüssigkeit	7,2 – 8,2
Synovialflüssigkeit	7,3 – 7,6

Tab. 2: Beispiele für pH-Werte in verschiedenen Körperflüssigkeiten

Hauptfunktion die Abatmung der flüchtigen Säure CO_2. Ein Ansteigen von CO_2 in wässriger Lösung, wie es zum Beispiel das Blutserum ist, führt zur Bildung von Kohlensäure (H_2CO_3) und damit zu einem Abfall des pH-Wertes. Umgekehrt würde eine Verminderung des CO_2 Gehalts zu einer Verminderung der Kohlensäuregehalts und damit zu einem Anstieg des pH-Werts in den alkalischen Bereich führen. Änderungen des pH-Wertes werden über Chemorezeptoren im Bereich des Glomus caroticum des zentralen Nervensystems registriert und mit einer Änderung der Atemfrequenz ausgeglichen. Ein Abfall des pH-Werts führt zu einer Steigerung der Atmung, ein Anstieg des pH-Wertes in den alkalischen Bereich verlangsamt die Atemfrequenz. Die nichtflüchtigen Säuren werden in der Hauptsache über die Nieren geregelt, wo renal tubuläre Mechanismen die Protonenausscheidung in den Urin beeinflussen. Die Ausscheidung erfolgt entweder nach chemischer Bindung von H^+-Ionen an Ammoniak (ca. 50 mmol/Tag), durch Ausscheidung mit Hilfe von Phosphationen (ca. 20 mmol/Tag) oder durch direkte Exkretion von Protonen (ca. 0,1 mmol/Tag). Im Bedarfsfall kann die Nierenexkretion von Säuren bis zum 6-fachen gesteigert werden. Auch die Leber trägt zur pH-Stabilisierung im Blut bei. Aus HCO_3^- und NH_4^+ wird in der Leber Harnstoff synthetisiert, der über den Urin ausgeschieden wird. Eine Abnahme der Harnstoffsynthese führt zu einer Einsparung von HCO_3^-. Daher wird bei Azidosen die Harnstoffsynthese gehemmt, bei Alkalosen gesteigert. Außerdem werden Protonen bei der Bildung von Glukose aus Laktat verwertet. Aus 2 Laktationen wird unter Verbrauch von 2 H^+-Ionen ein Molekül Glukose gebildet.

Falls die Übersäuerung des Körpers im eigentlichen Sinne auch eine Ansammlung von H^+-Ionen im Körper bedeutet, so sollte es rein technisch sehr einfach sein, diesen Säureüberschuss zu messen. Die Frage ist allerdings, in welchen Medium der Überschuß an H^+-Ionen gemessen werden sollte. Im Serum wird der pH-Wert auf engsten Raum konstant gehalten, gröbere Abweichungen sind mit dem Leben nicht vereinbar. Eine Übersäuerung kann sich nicht im Serum wiederspiegeln.

Sieht man nochmals nach in der Suchmaschine Google, in welchen Medien Übersäuerung gemessen wird, so steht als häufigste Anmerkung die Bestimmung des Säuregehaltes im Harn. Eine pH-Wert Messung im Harn ist messtechnisch äußerst einfach. Normalerweise schwankt der pH-Wert im Harn zwischen 4,5 und 8,0 (Thomas 1998). Genaue Messungen zeigen deutlich, dass der pH-Wert im Harn einer tageszeitlichen Schwankung unterliegt. Diese hängt sowohl von der Nahrungsaufnahme als auch von körperlichen Aktivitäten ab. Die Bestimmung der H^+-Ionenkonzentration im Harn gibt einzig und allein Auskunft über die H^+-Ionenausscheidung seit dem letzten Urinieren, aber keinerlei Auskunft über den Säuregehalt des Körpers und lässt aus chemischer Sicht keinen Rückschluss zu im Bezug auf mögliche Über- oder Untersäuerung des Körpers. Alternativ steht oft die Überlegung, dass eine Übersäuerung durch Bestimmung des pH-Werts im 24 Stunden Sammelharn durchgeführt werden sollte. Abgesehen von der mühseligen Harnsammlung, ist die pH-Wertmessung in 24 Stunden ebenso einfach wie im Spontanharn. Der Vorteil liegt in der längeren Sammelperiode und damit sicherlich in einer integrativeren und über den Tag verteilten Durchschnittsausscheidung von Säure, durch die einzelne Spontanschwankungen nicht zur Geltung kommen. Es muss allerdings bedacht werden, dass wässrige Lösungen bei längerem Stehen im Raum den pH-Wert immer in Richtung niedrigerer pH-Werte verändern. Die Ursache liegt in der Absorption von CO_2 aus der umgebenden Raumluft. Dadurch wird der Vorteil der längeren Sammelperiode durch die nicht zu verhindernde Veränderung des pH-Werts durch das Stehen lassen wieder ausgeglichen. Die Messung des pH-Werts sowohl im Spontan- als auch im 24-Stundenharn kann daher nicht ein Maß für die Übersäuerung im Körper sein.

Es bleibt daher die Frage, ob Übersäuerung laborchemisch überhaupt bestimmt werden kann. In der ganzheitsmedizinischen Betrachtungsweise ist der Begriff Übersäuerung eher ein funktionell deskriptiver Begriff ohne strenge Definition. Somit liegen weder Typisierungen vor, in welchem Medium der pH-Wert erfasst werden sollte, noch Normwerte aus deren Bezugnahme eine Über- oder Untersäuerung definiert werden könnte. Somit muss aus laborchemischer Sicht eindeutig der Schluss gezogen werden, dass eine objektive Messung einer Übersäuerung nicht möglich ist.

Literatur

Herold M, Welzl E (1987) Grundriss der allgemeinen und organischen Chemie. Verlag Dieter Göschl Wien.

Thomas L (1988) Labor und Diagnose, 5. Auflage. TH-Books Verlagsgesellschaft mbH, Frankfurt/Main, Deutschland.

Wikipedia Enzyklopädie (2006) http://de.wikipedia.org/wiki

Wissenschaftliche Tabellen Geigy (1977) Teilband Körperflüssigkeiten, 8. Auflage. Ciba-Geigy AG Basel, Schweiz.

Kapitel 8

Die Säurebasen-Analyse nach Jörgensen und Stirum

John van Limburg Stirum

Zusammenfassung

Immer wieder wird man in der Praxis mit der Problematik des Säurebasenhaushaltes konfrontiert. Es sind vor allem Patienten mit chronischen Krankheiten, Befindlichkeitsstörungen, oder aber auch Gesundheitsbewusste, die sich mit diesem Thema sowohl diagnostisch wie auch therapeutisch auseinandersetzen. Hier sind wir als Ärzte und Therapeuten gefordert, eine sichere Evaluation und Beratung anzubieten. Bei tausenden von Patienten hat sich als zuverlässigstes diagnostisches Instrument die Bluttitration nach Jörgensen und Stirum erwiesen. Dadurch lässt sich nicht nur den Säurebasenstatus differenziert analysieren und kontrollieren, sondern es lassen sich zudem sowohl Hinweise gewinnen über den Sauerstoff-Stoffwechsel wie auch über die Notwendigkeit diverser orthomolekularer Supplemente.

Diverse Verfahren haben sich eingebürgert, um eine Übersäuerung zu diagnostizieren. Weitaus am häufigsten ist die Urin-pH-Messung anzutreffen. Kenner der Säurebasen-Biochemie wissen nur zu gut, dass diese Methode keine zuverlässige Aussage bieten kann, da die normale Nierenfunktion gerade darin besteht, Säuren auszuscheiden. *Entsprechend werden die „Säure-Ängste" nur unverhältnismässig geschürt, statt den Säurebasenhaushalt (SBH) objektiv zu erfassen.* Eine pH-Bestimmung alleine sagt auch deshalb sehr wenig über den SBH aus, weil damit nur freie Protonen gemessen werden, die viel grössere Gruppe der gebundenen Säuren jedoch nicht. Dazu eignet sich hingegen die Urintitration nach Sanders und Gläsel. Zwar kann damit auf eine metabolische Azidose hingewiesen werden, aber bei Alkalosen und vorbestehenden Nierenkrankheiten wird die Methode unzuverlässig. Kein Wunder musste sich in den Spitälern die arterielle Blutgasanalyse als Analysenstandard etablieren, bei der der Säurebasenhaushalt aus dem pH-Wert und dem Kohlensäurepartialdruck des Vollblutes untersucht wird. Eine Standardisierung erfolgt durch die Verwendung von arterialisiertem Blut, sowie durch die Umrechnung auf einem pCO_2 von 40mmHg bei 37° Celsius. Zudem messen die modernen Geräten automatisch. Auf diese weise ist das Resultat unabhängig von der Bedienung. Andererseits ist nicht unproblematisch, immer eine Arterie punktieren zu müssen, zudem bleibt dieses Verfahren grösseren Zentren vorbehalten. Die Ergebnisse sind auch nicht immer eindeutig zu interpretieren. Das wichtige Bicarbonat wird nicht direkt gemessen sondern aus dem pH und dem pCO_2 berechnet und verbirgt damit eine doppelte Fehlerquelle. Zudem vertritt das Bicarbonat lediglich ca. 50% aller Plasmabasen.

Die Kontrollierte Säurebasentherapie (KST)

Es ist dem Forscher Hans Heinrich Jörgensen zu verdanken, dass wir heute auch für die tägliche Praxis eine Methode zur Verfügung haben, um den Säurebasenhaushalt zu erfassen. Nach einer venösen Blutentnahme morgens nüchtern, titrierte er Vollblut und Plasma mit Salzsäure bis zum pKs 6.1, dem pKs der Kohlensäure herunter. Nun nach eigener über 10jähriger intensiven Forschung, Weiterentwicklung und Praxiserprobung hat sich die Auswertung als wesentlich komplexer herausgestellt als ursprünglich angenommen. Inzwischen sind jedoch diese Erkenntnisse in die Methode mit eingeflossen, womit sie zu einer unverzichtbaren Analyse für jeden geworden ist, der sich um eine seriöse Evaluation und Behandlung des SBH bemüht (Kontrollierte Säurebasen-Therapie).

Erfolgt die Titration manuell, was heute noch am häufigsten anzutreffen ist, wird menschliches Geschick abverlangt, sie wird aber von den Laborantinnen mit Freude und Begeisterung durchgeführt. Eine automatische Titration ist inzwischen ebenfalls erhältlich, jedoch wegen den höheren Anschaffungskosten eher den Kliniken und grösseren Zentren vorbehalten. Inspirierend sind neben der guten Reproduzierbarkeit sowohl die wichtigen therapeutischen Hinweise wie auch die Patientencompliance, die durch das überzeugende und verständliche Analysenergebnis beachtlich gefördert wird. Der Laboraufwand ist verhältnismässig gering und die Anschaffungskosten der manuellen Titration erstaunlich niedrig, verglichen mit dem Nutzen für die Praxis und die Patienten. Eine Messung dauert ca. 15–20 Minuten. Dank dem Computerprogramm Buffy® (Fa. www.komstar.ch) liegen die Ergebnisse der fertigen Analyse mit allen Berechnungen und Therapieempfehlungen innert Kürze per Knopfdruck in Papierform vor.

Die Titration

Zuerst werden 2ml Vollblut und anschliessend 2ml Plasma in Schritten von 0,2N HCl auf einen Wert unter pH 6.1 titriert. Weil sich das Blut bei verschiedenen Temperaturen anders verhält, muss die Messung thermostatisiert in einem Wasserbad bei 37° Celsius erfolgen. Die Messpunkte werden entweder in einem Koordinatensystem von Hand aufgezeichnet oder per Computerprogramm (mit automatischer Regressionsanalyse) erfasst. Jörgensen definierte die Pufferkapazität Vollblut und Plasma als die Schnittpunkte mit der horizontalen x-Achse durch den pH-Wert von 6.1.

Der Plasmapuffer

Die x-Koordinate, dort, wo sich die Plasma-Titrationskurve mit der pH-Achse 6.1 schneidet, ergibt den Wert für den Plasmapuffer. Dieser ist abhängig von der Menge an Phosphat, Bicarbonat und Proteinen. Organische und anorganische Säuren wie Milchsäure, Ketosäuren, Sulfate oder Chloride werden mit ihren niedrigen pKs-Werten unter 4 mittels Titration zwar nicht erreicht, aber auf Grund des Gesetzes der Elektroneutralität eine Konzentrationsänderung der messbaren Anionen hervorrufen.

Der Vollblutpuffer

Die Titration des Vollblutes erfasst neben den Plasmakomponenten noch zusätzlich den Hämoglobinpuffer sowie das intraerythrozytäre Phosphat und das Bicarbonat.

Der Intraerythrozytärpuffer

Unter Einbezug des Hämatokritwertes wird aus der Differenz der Schnittpunkte des Vollblutpuffers mit dem Plasmapuffer die intraerythrozytäre Pufferkapazität berechnet. Wird zusätzlich auf einen theoretischen Hämatokrit von 100% («IEP100%Hk») extrapoliert, erhalten wir eine hämatokritunabhängige Standardisierung, die auch Verlaufskontrollen wie auch statistische Vergleiche ermöglicht. Die IEP100%Hk hat sich zudem als Mass für den Bohr-Haldane-Effekt (physiologische Verschiebung der Sauerstoffdissoziationskurve) herausgestellt. Eine niedrige Pufferkapazität bedeutet, dass der Sauerstoff des Hämoglobins bereits weitgehend durch Protonen ausgetauscht wurde. Gleichzeitig wird zudem intraerythrozytäres Bicarbonat durch Plasma-Chloridionen ersetzt. Hohe Pufferkapazitäten weisen sinngemäss auf das Gegenteil hin, nämlich auf eine noch gute Sauerstoffsättigung. Damit wird erstmals mit einer Routineuntersuchung auf die Lage der Sauerstoffdissoziationskurve hingewiesen.

Die Sauerstoffabgabe an das Gewebe

Ein gesunder Stoffwechsel mit einem hohen Wirkungsgrad erbringt ein Maximum an Leistung bei einem Minimum an ausscheidungspflichtigen Substanzen. Dieser Anspruch wird durch die aerobe Energiegewinnung optimal erfüllt, vergleicht man die pro Glucosemolekül gewonnenen 38 ATP mit den 2 ATP unter anaeroben Bedingungen. Meistens steht jedoch ausreichend Sauerstoff zur Verfügung, steigt mit dem Hämoglobin die Transportfähigkeit des Blutes auf gewaltige 200ml Sauerstoff pro Liter. Würde das Hämoglobin sein gefährliches und im Plasma kaum lösliches Gut unkontrolliert «abstossen», wären tödliche Luftembolien unabwendbar. Aus diesem Grund muss der Hämoglobin-Sauerstoff vom Gewebe bedarfsgerecht «geholt» werden. Eine wichtige Voraussetzung dazu ist die kontrollierte Lageänderung der Sauerstoffdissoziationskurve (SDK). Sie wird durch lokale Gewebe-Ansäuerung, steigende Temperatur und hohe pCO_2 nach rechts in die „Sauerstoffabgabeposition" verschoben. In der Lunge, wo das Milieu basischer ist, wird das Verhalten entgegengesetzt sein. Es kommt zu einer Linksverschiebung, bei der der Sauerstoff an Hämoglobin stark gebunden wird. Iatrogen kann ein ähnlicher Zustand auch im Gewebe eintreten, falls traditionelle Entsäuerungsrituale unkontrolliert praktiziert würden. Die Folge: Mehr Gärung und weniger Energie. Das entstehende Laktat wird aber meistens in der Lage sein, die erzeugte Alkalose regulatorisch wieder auszugleichen.

Der Sauerstoff-Utilisations-Index (SUI) nach Stirum

Bei einem aeroben Stoffwechsel säuert das freigesetzte und zu Kohlensäure hydratisierte Kohlendioxyd die Erythrozyten an. Das entstehende Bicarbonat wird mit Hilfe eines Antiportsytems durch Chlorid im Plasma ausgetauscht. Das heisst, dass während die Erythrozyten angesäuert werden, gleichzeitig das Plasma alkalisiert wird. In einer eigene Studie, in der Plasmapuffer (PP) und der standardisierte Intraerythrozytärpuffer (IEP100%) sowohl arteriell wie auch venös miteinander verglichen wurden, konnte dieser Tatbestand ausnahmslos bestätigt werden. Bei anaerobem Stoffwechsel treffen wir umgekehrte Verhältnisse an. Dies ermöglicht uns einen spannenden Einblick in die allgemeine Sauerstoffverwertung. Der Parameter dafür ist der Sauerstoff-Utilisations-Index, SUI, und entspricht dem Quotienten: PP / IEP100%. Je höher umso niedriger sind die Sauerstoffreserven bzw. umso mehr Sauerstoff wurde tendenziell verbraucht. Das wird auch bei systemisch entzündlichen und oxidativen Prozessen angetroffen. Ein niedriger SUI bedeutet hingegen hohe Sauerstoffreserven bzw. einen tiefen allgemeinen Sauerstoffverbrauch und wird nicht nur bei gut trainierten Sportlern beobachtet sondern auch bei allgemein degenerativen und stoffwechsel-verlangsamenden Prozessen bis hin zu fortgeschrittenen Tumorerkrankungen. Unter diesem Blickwinkel hilft der SUI damit auch bei der Entscheidung, ob bei einem Patienten antioxidative oder prooxidative Therapiemassnahmen gewählt werden sollen.

Säurebasen-Lage

Für die primäre Beurteilung des Säurebasenhaushaltes liefert uns die Analyse den Ausgangs-pH-Wert des Vollblutes sowie den Plasmapuffer. Diese werden in einem Koordinatensystem eingebettet, um die Säurebasenlage optisch darzustellen (s. Patientenbeispiele). Liegt das kleine Quadrat im mittleren weissen Feld, ist der Säurebasenhaushalt optimal kompensiert, was aber nicht gleichbedeutend ist mit normalen Pufferreserven oder normalen SUI. Dafür ist zusätzlich die Balkengraphik (vor allem Base Excess) zu konsultieren.

Grundsätzlich können folgende Säurebasen-Szenarien unterschieden werden:

- Normaler Blut-pH und PP = optimale Kompensation
- Tiefer Blut-pH und tiefe PP = metabolische Azidose

- Tiefer Blut-pH und hohe PP = respiratorische Azidose
- Hoher Blut-pH und tiefe PP = respiratorische Alkalose
- Hoher Blut-pH und hohe PP = metabolische Alkalose

H_2CO_3

Aus dem PP lässt sich das „erwartete H_2CO_3" bei Kompensation abschätzen. Entspricht dies dem gemessenen Wert, können wir eine zusätzliche respiratorische Beeinträchtigung ausschliessen.
Vollblut-pH hoch und
- H_2CO_3 hoch: Metabolische Alkalose und respiratorische Azidose
- H_2CO_3 tief: Kombinierte Alkalose

Vollblut-pH niedrig und
- H_2CO_3 hoch: Kombinierte Azidose
- H_2CO_3 tief: Metabolische Azidose mit respiratorischer Alkalose

Patientenbeispiele

V.B., Jg.1946
Brechdurchfall, Noravirus
Deutliche metabolische Alkalose, hoher SUI als Zeichen der Entzündung

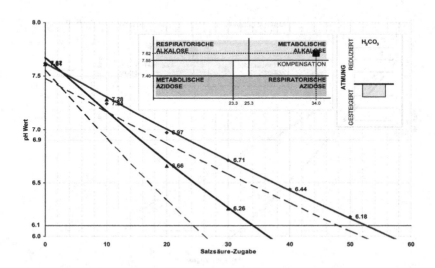

Abb. 1: Der grüne Säurebasen-Lagepunkt weist auf eine dekompensierte metabolische Alkalose hin. Der geringe Ausschlag der Atmungsgraphik lässt vermuten, dass keine wesentliche respiratorische Komponente vorliegt. (Salzsäurezugabe in mmol/L)

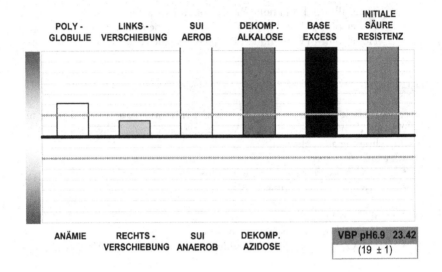

POLY -   LINKS -   SUI   DEKOMP.   BASE   INITIALE
GLOBULIE   VERSCHIEBUNG   AEROB   ALKALOSE   EXCESS   SÄURE
                                                                                              RESISTENZ

ANÄMIE   RECHTS -   SUI   DEKOMP.
                    VERSCHIEBUNG ANAEROB   AZIDOSE

Abb. 2: Balken nach oben haben alkalischen, nach unten sauren Charakter.

2 Wochen später, keine spezifische Behandlung

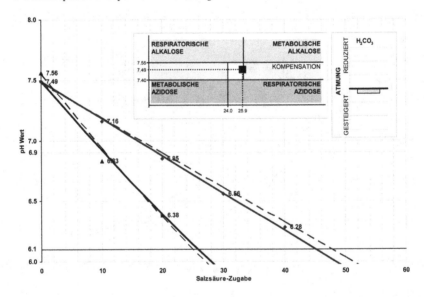

Abb. 3: Der Säurebasenhaushalt hat sich nach zwei Wochen spontan weitgehend normalisiert.
(Salzsäurezugabe in mmol/L)

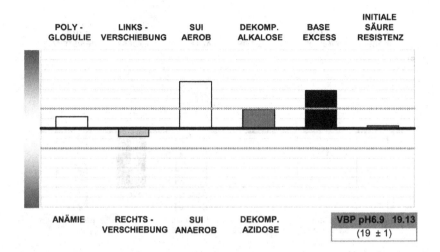

Abb. 4: Entsprechend sind die Ausschläge im Säulendiagramm wieder rückläufig.

K.S. Jg.1956
Seit Jahren bestehender chronischer Schnupfen, Pruritus am Gaumen und an den Ohren. Antihistaminika ohne nachhaltige Besserung.
Dekompensierte metabolische und respiratorische Azidose (kombinierte Azidose).

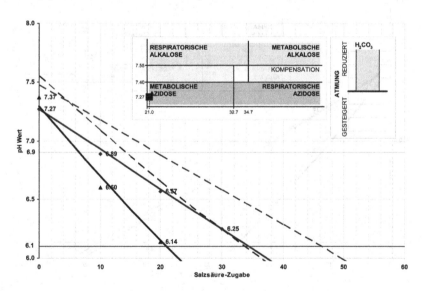

Abb. 5: Dekompensierte metabolische Azidose, möglicherweise kombiniert mit einer respiratorischen Azidose (hoher Ausschlag im H_2CO_3-Diagramm).
(Salzsäurezugabe in mmol/L)

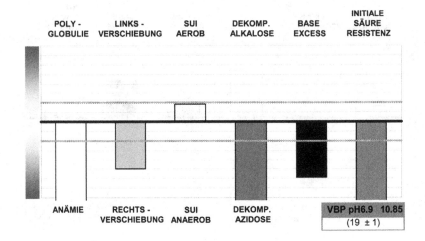

Abb. 6: Die abwärtsgerichteten Säulen weisen auf azidotisches Verhalten hin. Offenbar ist der Sauerstoffumsatz nicht wesentlich gestört.

Nach Baseninfusionen, basische Mineralien, durchblutungsfördernden Massnahmen wurde die Patientin absolut beschwerdefrei.

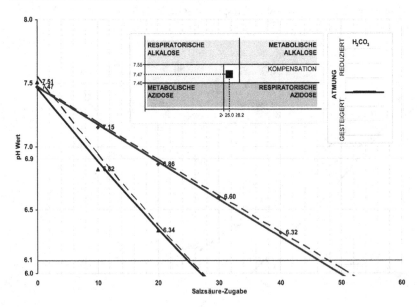

Abb. 7: Der Säurebasenhaushalt hat sich nach der Therapie normalisiert. (Salzsäurezugabe in mmol/L)

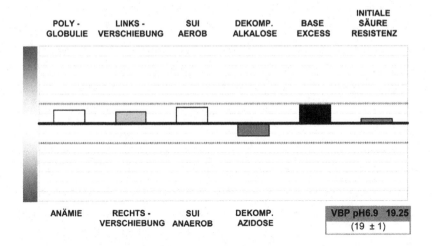

Abb. 8: Die Säurebasen-Parameter sind wieder in Mittellage.

Fazit

Die moderne Säurebasenbehandlung ist differenziert. Die bisherige Ansicht, wir wären «alle übersäuert», ist a priori abzulehnen. Auch eine Alkalose kann – und zwar häufiger als man denkt – nachgewiesen werden! Heute lassen sich die Säurebasenverhältnisse mittels Bluttitration einfach, zuverlässig und kostengünstig in der Praxis analysieren, was eine Kontrollierte Säurebasen-Therapie (KST) ermöglicht. Sie liefert nicht nur Informationen zum Basen- oder Säuren(!)-Bedarf, sondern auch zu nutriologischen sowie pro- bzw. antioxidativen Massnahmen. Hingewiesen wird ebenso auf allfällige Begleitmassnahmen wie Aderlässe oder Atemtherapie bspw. bei der nervösen Hyperventilation mit tiefen H_2CO_3. Die weitaus beste Entsäuerung bleibt die Unterstützung des aeroben Stoffwechsels, was mittels Orthomolekularmedizin und durchblutungsfördernden Massnahmen zu erfolgen hat.

Literatur

van Limburg Stirum J (2005) Neue Konzepte in der Säurebasen-Medizin Biologische Medizin/Heft 3/September 2005: 124–128.

Kapitel 9

Klinische Relevanz der Redox und Chemoluminiszenzbestimmungen bei Allergien, Haut- und Umwelterkrankungen

John G. Ionescu

Zusammenfassung

Die Auswahl geeigneter oxidativer und/oder antioxidativer Therapien stellt in der täglichen klinischen Praxis eine ständige Herausforderung für den Arzt dar.

Im Rahmen einer Anwendungsstudie wurde die klinische Relevanz der Redoxpotentiometrie bei der Messung basaler Eh-Werte in Blut, Serum und Plasma bei verschiedenen klinischen Indikationen untersucht.

In 121 Seren von nüchternen Patienten mit atopischer Dermatitis, Psoriasis, Multiple Chemical Sensitivity (MCS) und Krebs wurde eine signifikante metabolische Oxidose (Werte höher als −70 mV) registriert. Im Vergleich wurden bei 22 gesunden Kontrollpersonen Eh-Werte zwischen −80 mV und −100 mV gemessen. Im Gegensatz dazu zeigten die Redoxwerte im Vollblut in 63 Fällen eine zelluläre Redose, die anderen Werte befanden sich im Normbereich (−100 mV bis −120 mV). Die Ergebnisse erlauben die Auswahl und Kontrolle verschiedener Therapieansätze in Bezug auf die individuelle antioxidative Reserve und/oder oxidativen Status des Patienten.

Gleichzeitig wurde die Bildung Freier Radikale (ROS) in venösem Blut und Serumproben unter basalen Bedingungen und nach Lichtexposition ebenso wie die Antioxidative Aktivität (AOA) der Serumproben derselben atopischen, psoriatischen, MCS- oder Krebspatienten sowie bei 22 gesunden Kontrollpersonen mit Hilfe einer ultra-empfindlichen Chemiluminiszenz (CL)-Methode untersucht.

Signifikant erhöhte Photonenzahlen (> 14 000/600 Sek.) in venösem Blut wurden in den Basal- und Lichtexpositionstests bei allen Patientengruppen im Vergleich zu den 22 Kontrollpersonen gemessen (p < 0.001), was auf erhöhte Mengen aktivierter Leukozyten bzw. lichtempfindlicher Komponenten hinweist.

Die antioxidative Aktivität von Patientenseren und anderen biologischen Proben wie Tees, Fruchtsäfte, Plasma, Ascorbat, GSH, etc. wurde ebenfalls in einem standardisierten AOA-Testsystem untersucht und die klinische Relevanz der Ergebnisse diskutiert.

Da eine Untersuchung des inneren biologischen Terrain eine wichtige Voraussetzung für eine erfolgreiche Therapie ist, gewinnt die Messung des Redoxstatus und der Reaktiven Sauerstoffspezies (ROS) in Blut und Serum bei verschiedenen klinischen Indikationen eine besondere Bedeutung.

Messung der Redoxpotentiale im Blut

Reduktions- und Oxidations- (Redox) prozesse sind laufende Elektronentransferreaktionen in chemischen und biologischen Systemen.

Die Messung der Redoxpotentiale (Eh) verschiedener Redoxpaare kann arithmetisch mit Hilfe der Nernst'schen Gleichung oder potentiometrisch mit Hilfe von geeigneten Arbeits- und Referenzelektroden durchgeführt werden.

Die zweite Methode ist schneller, kostengünstiger und mißt die Summe aller Redoxpaare im vorhandenen biologischen Material (Blut, Serum, Urin, Milch, Fruchtsaft, etc.), ist jedoch abhängig von verschiedenen Faktoren wie z.B. Temperatur, pO_2, pH, Typ der Elektroden und der Oxidations-/Reduktionsrate in der Probe.

Frühere Studien aus unserem Labor zeigten die Nützlichkeit der Redoxpotentiometrie bei der Messung basaler Eh-Werte in Patientenblut und -serum sowie ihre Veränderungen nach verschiedenen oxidativen bzw. antioxidativen Therapien.

Methode

Zur Erfassung der respiratorischen und metabolischen Oxidose- bzw. Redosezustände sowie des Normbereiches in Vollblut und Serum wurde in Mitarbeit mit dem Institut für Elektrochemie der Universität Erlangen der Prototyp einer temperierten Redoxzelle (37° C) für kleine biologische Proben (1–3 ml) unter N_2-Atmosphäre entwickelt. Die Eichung der ausgewählten Arbeits- und Referenzelektroden (Graphit- bzw. Platin-/Iridium- vs. Ag/AgCl-Elektroden) erfolgte mit einer Redox-Pufferlösung der Fa. Mettler Toledo, Deutschland. Durch Verbindung der Redox-Elektroden mit einem Potentiometer mit hohem Widerstand konnten die Potentiale (E_h in mV) gemessen werden. Für die kontinuierliche Darstellung der Potential/Zeit-Kurven wurde das Potentiometer mit Hilfe eines Adapters mit einem PC verbunden. Die Stabilisierung der Redox-Kurven erfolgte nach ca. 6–8 Minuten. Gleichzeitig erfolgten pH-, pO_2- und pCO_2-Messungen mit einem AVL-Blutgasanalysator.

Ergebnisse

Die **Serum-E_h-Werte** von Neurodermitis-, Psoriasis- und MCS-Patienten zeigten eine deutliche Tendenz zur metabolischen Oxidose im Vergleich zu den Eh-Werten der Kontrollgruppe (−75 ± 15 mV, −65 ± 17 mV und −62 ± 10 mV gegenüber −92 ± 7 mV bei gesunden Kontrollpersonen, p < 0,005). In anderen Fällen mit Steroid- oder antioxidativer Behandlung wurden eine mäßige Oxidose oder normale Redoxwerte beobachtet.

Nicht therapierte Krebspatienten mit massiven Tumoren und Metastasen weisen in der Regel eine schwere Oxidose im Serum auf (Eh < −60 mV), jedoch nahezu Normalwerte nach Operation, Bestrahlung, Zytostatika- oder antioxidativer Behandlung.

Ähnliche Ergebnisse wurden auch in **venösem Blut** festgestellt, aber mehrere Patienten zeigten hier normale (−100 bis −120 mV) oder Redosewerte, meist aufgrund der antioxidativen kompensatorischen Aktivität der Gewebe- und Blutzellen, so dass letztendlich kein einheitlicher Trend registriert werden konnte.

Die Regulation des Redox-Ungleichgewichtes wurde mit Hilfe ausgewählter individueller oxidativer und antioxidativer Formulierungen erreicht, bezugnehmend auf die Ergebnisse der vorherigen **ex in vivo-Tests** in einer frischen 2,5 ml Blutprobe derselben Patienten.

Oxidative Ansätze wie z.B. Sport (Jogging), H_2O_2 0,03 % i.v., $NaClO_2$ (Dioxychlor) i.v. und Hyperthermie (90° C Sauna) erzeugten wiederholt einen kurzfristigen Oxidosestatus (Abb. 1), gefolgt von einer kompensatorische Mobilisation der reduzierenden zellulären Äquivalenten und Verschiebung zur Redose. Die Länge dieser Verschiebung (0.5–24 Stunden) hängt sowohl von den verfügbaren

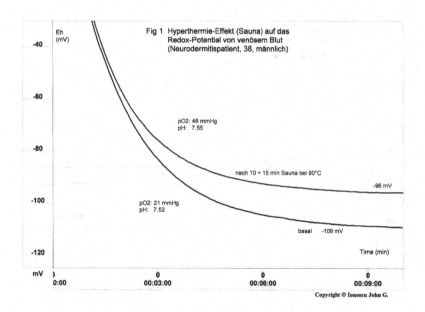

Abb. 1: Hyperthermie-Effekt (Sauna) auf das Redox-Potential von venösem Blut (Neurodermitispatient, 38 männlich)

antioxidativen Reserven ab als auch von der Intensität des eingesetzten oxidativen Stress.

Im Gegensatz dazu zeigte sich bei i.v.-Infusion verschiedener antioxidativer Substanzen wie z.B. reduziertes Glutathion (GSH), N-Acetylcystein, Na-ascorbat oder DMPS eine sofortige Verschiebung zur Redose (Abb. 2), deren Länge vom Grad der vorherigen Oxidose und der Eliminierungs-/Abbaurate der getesteten Substanz abhing.

Eine Untersuchung des Medikamenten- oder Nahrungsmitteleinflusses auf die Redoxwerte des Blutes vor der Therapie erlaubt weiterhin eine klare Unterscheidung zwischen Ansätzen mit oxidativer oder antioxidativer Wirkung. Dies ermöglicht die Auswahl redoxaktiver Ergänzungsmittel und deren wiederholte Anwendung zum Erreichen eines optimalen Kompensationseffektes auf den Status des Redoxpotentiales in vivo. Durch diese Methode kann ebenfalls die gestörte antioxidative Reserve bei Alterungsprozessen individuell moduliert werden.

Chemoluminiszenzuntersuchungen für Freie Radikale

Die Entstehung Freier Radikale in aktivierten Zellen oder zellfreien Systemen ist ein geläufiger biochemischer Prozess. Lichtemission ist ein weiteres bekanntes Phänomen in der Biologie, Chemie und Physik. Eine ultraschwache Photo-

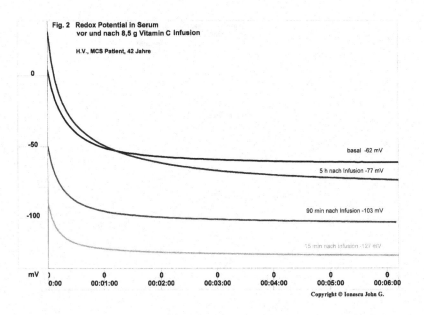

Abb. 2: Redox Potential in Serum vor und nach 8,5 g Vitamin C Infusion, (H.V., MCS Patient, 42 Jahre)

nenemission von Lichtspektren im Bereich von 180–800 nm existiert in allen lebenden Organismen und dieser Prozess ist eng verbunden mit dem oxidativen Stoffwechsel, der Erzeugung Freier Radikale, Zellteilung, Zelltod, Photosynthese, vorzeitigem Altern, Karzinogenese und Wachstumsregulation.

Unter bestimmten Bedingungen, welche die Phagozytose und die Aktivierung der NADPH-Oxidase polymorphonuklearer Leukozyten (PMN) stimulieren, treten Lichtphotonen aus, die im Szintillationszähler gemessen werden können. Besonders die Abgabe von O_2 Metaboliten aus PMN scheint eine besondere Bedeutung für Entzündungen, bakterielle Aktivität und Gewebeverletzungen zu spielen.

Die wichtigsten O_2^-, Chlorid- und N_2^- Metaboliten aus PMN und Endothelialzellen sind das Superoxidanion ($^*O_2^-$), Hydroxylradikal ($^*OH$), Singlet Sauerstoff ($\Delta^1 O_2$), Hypochlorit-Anion (OCl^-), Wasserstoffperoxid (H_2O_2), Stickstoffmonoxid (NO^*) und Peroxinitrit ($ONOO^*$).

Reaktive Sauerstoffspezies (ROS) werden auch in zellfreien Systemen erzeugt, die O_2, H_2O_2, Transitionsmetalle wie Fe^{2+}/Fe^{3+}, Cu^{1+}/Cu^{2+}, Thiole, Ascorbat, Xanthin/Xanthinoxidase, Chelatstoffe oder Xenobiotika enthalten. Exogene Quellen Freier Radikale sind z.B. ionisierende Bestrahlung, Tabakrauch, Schwermetalle, organische Lösemittel, Pestizide und andere Umweltschadstoffe.

Freie Radikale sind in der Regen instabil und hoch reaktiv durch ihre Fähigkeit, aus den umliegenden Fett-, Eiweiß- oder DNA-Molekülen Elektronen abzuziehen, was Zellschäden hervorruft. Solche Reaktionen sind stark beteiligt an der Entstehung chronischer Krankheiten wie Atherosklerose, Diabetes, rheumatische Arthritis und Krebs.

In Übereinstimmung mit der Freie Radikale-Theorie des Alterns gibt es nun beachtliche Beweise aus Experimenten und Beobachtungen, dass der Alterungsprozess direkt abhängig ist von der Summe aller Freie-Radikal-Reaktionen im Gewebe bzw. in den Zellen.

Daher wurden in den letzten Dekaden verschiedene Methoden zur Messung der Antioxidativen Aktivität (AOA) von biologischen Flüssigkeiten und Bestandteilen entwickelt. Einige benutzen eine Quelle zur Erzeugung Freier Radikale, ein Chemoluminiszenz (CL) Substrat (z.B. Luminol, Lucigenin), ein starkes Oxidationsmittel (z.B. Perborat), katalytische Enzyme wie Peroxidase, Xanthinoxidase und Verstärker wie Para-Iodophenol.

Während der Oxidation geben Luminol und Lucigenin Lichtenergie ab, wenn die Elektronen in angeregtem Zustand zurück in den Grundzustand fallen. Die kontinuierliche Lichtabgabe spiegelt die Produktion der ROS wider und reagiert empfindlich auf Unterbrechungen durch Radikalfänger. Diese Tests sind jedoch ziemlich teuer und zeitaufwändig.

Methode und Ergebnisse

Die Untersuchung der AOA und der ROS-Produktion in Serum und venösem Blut von Haut-, Chemisch Sensiven (MCS) und Krebspatienten vor und nach verschiedenen Therapieansätzen mit Hilfe einer vereinfachten CL-Methode war das Ziel unserer Forschung während der letzten 7 Jahre.

Wie früher berichtet, gaben 121 Neurodermitis-, Psoriasis-, Chemisch Sensitive und Krebspatienten ihr Einverständnis zur Teilnahme an einer klinischen Beobachtungsstudie. Die 3-Stufen-CL-Methode bestand darin, zu einer konstanten Menge von gepuffertem Lucigenin (bzw. einer ROS erzeugenden Mischung beim AOA-Test) eine konstante Menge von Blut oder Serum zu geben, gefolgt von einer kurzen Präinkubation und Messung der Photonenzahlen über einen Zeitraum von 600 Sek. bei Raumtemperatur (22° C).

Signifikant erhöhte Photonenzahlen (> 14 000/600 Sek.) in venösem Blut wurden in den Basal- und Lichtexpositionstests bei allen Patientengruppen im Vergleich zu 22 gesunden Kontrollpersonen gemessen (p < 0.001), was erhöhte Mengen aktivierten Leukozyten bzw. lichtempfindlicher Komponenten vermuten lässt (Abb. 3, Abb. 4). Dagegen zeigten die meisten Patientenseren bei allen drei CL-Test eine starke Hemmung der Photonenemission (p < 0.005), was auf eine adaptive antioxidative Antwort auf oxidative Stressfaktoren schließen lässt.

Auch die antioxidative Aktivität von biologischen Stoffen wie Tees, Fruchtsäfte, Plasma, Ascorbat, GSH, etc. wurde im 5-minüten standardisierten AOA-Test untersucht (Abb. 5).

Die Zugabe von Plasma induzierte eine ähnliche CL-Abbaukurve wie bereits im Serum. Die Polyphenole im Grüntee hemmten die ROS-Erzeugerquelle stark, aber 10 µl Ascorbat 0.1 M zeigten keinen hemmenden Effekt. Im Gegensatz dazu

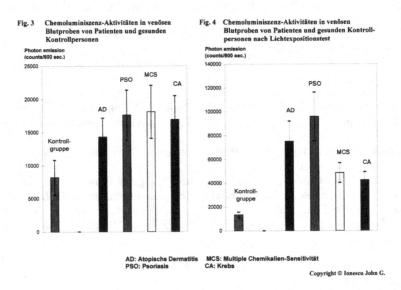

Abb. 3: Chemoluminiszenz-Aktivitäten in venösen Blutproben von Patienten und gesunden Kontrollpersonen

Abb. 4: Chemoluminiszenz-Aktivitäten in venösen Blutproben von Patienten und gesunden Kontrollpersonen nach Lichtexpositionstest

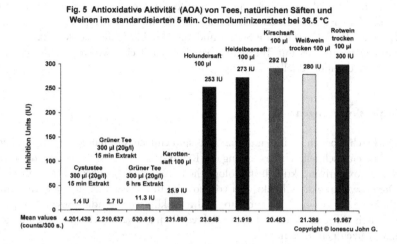

Fig. 5: Antioxidative Aktivität (AOA) von Tees, natürlichen Säften und Weinen im standardisierten 5 Min. Chemoluminizenztest bei 36,5° C

resultierte die Zugabe von 30 μl Ascorbat 0.1 M in einer 95% igen Hemmung der Chemoluminiszenz (Abb. 6).

Systemische Hyperthermie und Vitamin C i.v. erhöhten die Photonen bzw. ROS-Erzeugung in Serum und Blut deutlich (Abb. 7, Abb. 8), wohingegen die UVC-Photooxidation, Chelatstoffe wie EDTA und ausgewählte Fruchtsäfte (Abb. 9, Abb. 10) einen gegenteiligen Effekt bei den „in vitro" und „in vivo" Experimenten zeigten.

Die o.g. Redox- und CL-Daten weisen darauf hin, dass die gleichzeitige, gemischte Anwendung von oxidativen und antioxidativen Substanzen zu vermeiden ist und durch eine intermittierende Therapie ersetzt werden sollte. Da Krebszellen bekanntlich große Menge reduktiv wirkender Äquivalente (GSH, NADH, NADPH) und gleichzeitig eine niedrige Aktivität antioxidativer Enzyme (SOD, CAT, GPx) besitzen, sollte ein synergistischer oxidativer Ansatz für die Therapie ernsthaft in Betracht gezogen werden.

Da die meisten Ärzte die Redox- und Freie Radikalaktivität in Blut und Serum nicht erfassen, bemerken sie gelegentlich, dass die üblichen antioxidativen bzw. oxidativen Therapie wie GSH, Ascorbat, EDTA oder H_2O_2 mit unerwarteten Nebenwirkungen und einer Verschlechterung des klinischen Zustandes (Herpesinfektionen, Tachykardie, heftige Kopfschmerzen, Hauterscheinungen, allergische /asthmatische Anfälle, Gelenkschmerzen, etc.) einhergehen können. Der Grund für diese paradoxen Reaktionen liegt im individuellen immunbiologischen Redox- und Freie Radikal-Status jedes einzelnen Patienten und in der Zusammensetzung der verabreichten Medikamentemischung.

In dieser Hinsicht hat sich gezeigt, dass der individuelle Redoxstatus von Transitionsmetallen, Ascorbat und Thiolproteinen eng verbunden ist mit dem Erfolg der vorher beschriebenen Therapien. Prä- and posttherapeutische Untersuchungen des Redoxstatus im Serum und der Aktivität Freier Radikale zusammen mit Oxidationstests mit Thiol/Ascorbat sind daher eine wertvolle Hilfe bei der Auswahl der individuellen Therapie.

Schlussfolgerungen

Die beschriebenen Redox- und CL-Tests sind einfach, gut reproduzierbar und erlauben eine schnelle Untersuchung des Redox-Status, der ROS-Erzeugung sowie der antioxidativen Aktivität in biologischen Proben bei geringen Kostenaufwand. Die Auswertung der CL-Aktivität von Vollblut und Plasma erlaubt weiterhin eine effiziente „ex in vivo" Beobachtung während klinischer Studien sowie kompensatorischer Therapieansätze bei durch Freie Radikale verursachten Erkrankungen bzw. vorzeitigem Altern.

Eine entsprechende Modulierung der Redoxpotentiale, verbunden mit der Wiederherstellung eines normalen antioxidativen Status, O_2-Verwertung im Gewebe und zellulärer Energie-(ATP) Werte kann zu einer deutlichen Verbesserung der Symptome und einer deutlichen Verkürzung der Therapiedauer bei verschiedenen chronischer Erkrankungen führen.

Literatur

Ionescu JG, Müller W, Merk M, Redox monitoring of oxidative and antioxidative therapy approaches. Communication at the IOMA-Conference, May 1997, Anchorage, USA.

Ionescu JG et al, Clinical Applications of Redox Potential Testing in Blood. Proceedings of the 33rd Annual Meeting of the Am. Acad. Env. Med., Baltimore, 503–512, 1998.

Ionescu JG, Müller W, Douwes F et al, Redox and free radical monitoring in cancer patients. Communication at the 1st International Conference on Advanced Medicine in Immune Disorders and Cancer, Bad Aibling, Germany, Mai 27–30, 1998.

Ionescu JG, Merk M, Bradford R, Simple chemiluminescence assays for free radicals in venous blood and serum samples: results in atopic, psoriasis, MCS and cancer patients. Res Compl Med, 6, 294–300, 1999.

Ionescu JG, Merk M, Bradford R, Clinical applications of free radical assessment in blood. Proceedings of the ACAM Spring Conference, 1–15, Orlando, Florida, May 6–9, 1999.

Ionescu JG, Merk M, Bradford R, Redox and free radical monitoring in the clinical practice. J Integr Med (USA), 3: 73–75, 1999.

Ionescu JG, Merk M, Bradford R, Clinical applications of free radical assessment in blood and serum samples by enhanced chemiluminescence. II. Antioxidative activity and therapy approaches with drugs and natural compounds. J Biomed Lab Sci, 12, 46–56, 2000.

Ionescu JG, Free radical monitoring of integrative therapies by enhanced chemiluminescence assays in venous blood and plasma. J Capital Univ Integr Med, 1, 79–93, 2001.

Ionescu JG, The photoaging of human skin. Anti-Aging Bulletin, 18, 19–25, 2003.

Ionescu JG, Merk M, Mühl J, The secret to redox and the patient's chemistry. 10. Int. Conference on Oxidative Medicine, Dallas, Tx, March 19–21, 1999.

Van Rossum JP, Schamhart DH, Oxidation-reduction (redox) potentiometry in blood in geriatric conditions: a pilot study. Exp Gerontol, 26: 1, 37–43, 1991.

White CR et al, Superoxide and peroxynitrite in atherosclerosis. Proc Nat Acad Sci, USA 91, 1044–1048, 1994.

Wolff SP et al, Protein glycation and oxidative stress in diabetes mellitus and aging. Free Rad Biol Med 10, 339–352, 1991.

Liu TZ, Stern A, Assessment of the role of oxidative stress in human disease. J. Biomed. Lab. Sci, 10, 12–28, 1998.

Pacifici RE, Davies KJA, Protein, lipid and DNA repair systems in oxidative stress. The free-radical theory of aging revisited. Gerontol, 37: 166–180, 1990.

Sohal RS, Allen RG, Oxidative stress as a causal factor in differentiation and aging: A unifying hypothesis. Exper Gerontol, 25: 499–522, 1990.

Rusting RL, Why do we age? Sci Amer 267, 130–144, 1992.

Rice-Evans C, Miller NJ, Total antioxidant status in plasma and body fluids. Methods in Enzymology 234, 279–293, 1994.

Whitehead TP, Thorpe GH, Maxwell SR, Enhanced chemiluminescence assay for antioxidant capacity in biological fluids. Analyt Chim Acta, 266: 265–277, 1992.

Kapitel 10

Die komplexe Serum–Redoxdifferenz–Provokationsanalyse

Hermann Heinrich

Zusammenfassung

Jedes Leben in Sauerstoffatmosphäre ist durch Sauerstoff-Radikale oder Radikal-Kettenreaktionen verursachte Schäden gefährdet.

In 70 Lebensjahren muss sich ein Mensch im Schnitt gegen ca. 1000 kg dieser Radikale schützend wehren, da sie im Stoffwechsel nicht auf enzymatisch geregeltem Wege entgiftet werden.

Alle regulativen Störungen in lebenden Systemen (bzw. auch in ökologischen Systemen) bis zu deren krankhaften Veränderungen beeinflussen die für das Leben und den Stoffwechsel so wichtigen Eiweißstrukturen als Enzyme oder Transport- und Struktureiweiße in ihrer Regulationsfähigkeit zur Aktivierung/Inaktivierung. Die biologische Ordnung wird gestört. Durch radikalische Einflüsse verändern sich die Redox-Eigenschaften in den Geweben/Organen sowie als naturgesetzliche Folge auch die pH- und Säure-Basen-Verhältnisse! und als Konsequenz die zellulären Transport-Prozesse, die zellulären Permeabilitätsfunktionen und die Enzymaktivitäten werden labilisiert bzw. gestört.

Viele Studien und Forschungsergebnisse belegen:

Diese Entwicklung ist aufzuhalten, nämlich durch eine präventive tägliche Aufnahme an antiradikalischen Schutzstoffen.

Bisher fehlte das Nachweisverfahren zur Feststellung eines Mangels oder sogar des erhöhten Bedarfs, welches mit der Komplexen Serum-Redox-Differenz-Provokationsanalyse nunmehr zur Verfügung steht.

Das biophysikalisch-biochemisch begründete redoxanalysierende Diagnoseverfahren „Komplexe Serum-Redoxdifferenz-Provokationsanalyse" wurde 1984 erstmals in die Klinik eingeführt, nach Abschluß einiger Studien zunächst im Fachgebiet Onkologie.

Bisher sind über 62.000 Anwendungen bei Patienten auf vier Kontinenten nachgewiesen, allein in Österreich über 3.000. In Deutschland arbeiten bisher zwölf Einrichtungen selbständig mit diesem Verfahren.

Wieso sind die Redox- Bedingungen in den Kompartimenten so wichtig für die Regulation der Lebensfunktionen?

Oder: Wieso kann aus veränderten Redox- Verhältnissen auf Änderungen der Regulation von Lebensfunktionen bzw. auf Erkrankungen geschlossen werden?

Diese Frage soll durch die nachfolgenden Betrachtungen beantwortet werden. Abb. 1 zeigt das Energieprofil der Reaktionsfolge einer Enzymreaktion am Beispiel der Wirkung von Pepsin auf Ovalbumin. (Bull, 1951)

Der Funktions-Rhythmus von Aktivierung, Substratspaltung und Reaktivierung entspricht dabei der Substrat-Wechselzahl/der Michaelis-Konstante. Das rhythmisch wiederkehrende Aktions-Signal besteht aus vier Teilprozessen und setzt sich wie folgt zusammen:

1. Substratbindung an die Keto- Struktur: Die Reaktion ist endergon (−10 bis −15 kcal/Mol)
2. Bildung des Enzym-Substrat-Komplexes (die Konfiguration der Peptidkette des Enzymproteins wechselt partiell zur Enolstruktur).
   Die Reaktion ist exergon (+40 kcal/Mol).
3. Substratspaltung
   Die Peptidkette ist vorwiegend als Enolstruktur konfiguriert (Freisetzung von Bindungsenergie) z.T. exergon und notwendig für
4. Enzym-Rekonstitution
   Rückführung der Enol- in die Keto-Struktur −Δ kcal, endergon).

Der Konfigurationswechsel der Peptid-Kette ist die grundlegende bindungsenergetische Vorbedingung für den Ablauf von Enzym-Reaktionen.

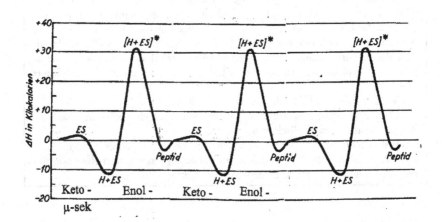

Abb. 1: Energieprofil der Reaktionsfolge einer Enzymreaktion am Beispiel der Wirkung von Pepsin auf Ovalbumin (Bull, 1951)

Die beiden Konfigurationen dürfen aus bindungsenergetischen Aktivierungs-/Inaktivierungsgründen das Verhältnis 75% Keto- und 25% Enolstruktur nicht über- bzw. unterschreiten!

Eine mehr als 25%ige Ketolisierung („Aufoxidation") führt zunehmend zur Aktivitätshemmung als Enzym.

Die Ketokonfiguration wird bei saurem pH bzw. im oxidierten/oxidierenden Milieu begünstigt, der reduzierte (Enol-) Zustand der Peptidbindung dagegen im leicht alkalischen Milieu bzw. im reduzierenden Milieu begünstigt.

Die Übergänge von Keto- zur Enol- Konfiguration stellen im Rhythmus der enzymatischen Aktivierung/Inaktivierung die wesentlichen Reaktionen dar: In zwei Schritten werden radikalische Elektronen-Lücken verlagert. Diese Reaktionen dürfen nicht ausufern, da sie als ungeregelte radikalische (Ketten-)-Reaktionen zur 100%igen Enolisierung bzw. Ketolisierung führen (können) und damit zur Blockierung von enzymatischen Funktionen!

Eine hochgradige Feinregulation des pH-rH-Zustandes in den Kompartimenten ist daher für geregelte Enzymfunktionen unabdingbar.

Krankheitsbedingte Abweichungen in der pH/rH-Regulation wirken sich daher auf metabole Funktionen bzw. Funktionen der Signalübertragung und -umsetzung in beachtlichem Maße störend aus!

Veränderte Redox-Werte sind dabei ein Maß für die (gesundheitlichen) Störung(en).

Einen weiteren relevanten Störfaktor für die Regulation des inneren pH-/rH- und Ionenstärke-Milieus stellt die permanent ablaufende radikalische Aktivierung des Sauerstoffs der Atmungsluft dar. Tabelle 1 faßt die Schritte zusammen, die bei Sauerstoff-veratmenden Organismen ablaufen (Tabelle 1, siehe auch: Halliwell, Gutteridge, 1985)

Leben in Sauerstoffatmosphäre		
Sauerstoffaktivierung: $\pi^*/^1\Sigma_g O_2$ ground state $^1\Delta_g O_2$ singulett $O_2{}^{*-}$superoxid/$O_2{}^2$peroxid	geordnet, enzymatisch gesteuert **➡**	„Biologische Ordnung" Gesundheit
➡ Stoffwechsel, Energiegewinn, Immunsystem optimal		
➡ ausreichender Schutz gegen fehlgerichtete Radikalreaktionen (= Oxidation existenzbedingender Zellstrukturen)		
➡ Schutz: Antioxidantien in ausreichender Menge, zur richtigen Zeit, am richtigen Ort.		

Tab. 1

Der Atmungs-Sauerstoff stellt zwar per se ein Biradikal (die äußeren zwei Orbitale der Bindungselektronen sind mit je einem Elektron besetzt) dar: Die Bindungs-Elektronen besitzen jedoch parallelen Spin.

Abb. 2: Elektronendichte- Modell der ß-Kette des humanen Haemoglobins: links reduziertes, rechts oxidiertes Haemoglobin (Muirhead, Perutz, 1963)

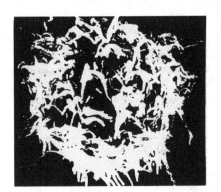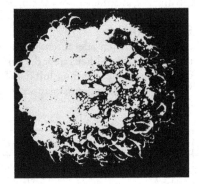

Abb. 3: Funktionelle Abhängigkeit von immunrelevanten Zellen (Macrophage) von den Redoxbedingungen: links reduzierter, rechts oxidierter Zustand (Cotter, 1994)

Nach dem „Spin-Verbot" (auch „Pauli-Verbot") sind Reaktionen des Sauerstoffs mit den organischen Stoffen aus der Nahrung jedoch allein dann möglich, wenn die Bindungselektronen antiparallelen Spin besitzen.

Somit findet eine andauernd ablaufende Spinumkehrung in einem Bindungsorbital der Sauerstoffatome statt. Damit entstehen jedoch auch ununterbrochen Sauerstoff-Radikale und davon abhängig über Kettenreaktionen eine Vielzahl radikalischer, potenzieller Stör-Reaktionen! Diese belasten die pH-/rH- Homöostase ebenfalls.

Bei nicht ausreichendem quantitativ-qualitativem Schutz beeinflussen die in der Folge veränderten Redox-Verhältnisse bis zu pathologischen Schädigungen metabole und Signal-Transduktions- bzw. Signal-Rezeptor- und Umsetzungsfunktionen.

Sowohl alle makromolekularen Strukturen (Abb. 2) als auch komplizierteste funktionelle Strukturen wie vitale Immunzellen bzw. Zellkomplexe etc. (Abb. 3) reagieren strukturverändert und funktionsgeändert auf Redox-Änderungen.

Je positiver das Redoxpotential zwischen wechselwirkenden zellulären Kompartimenten oder Reaktionspartnern ist,

* Um so wahrscheinlicher ist die Fixierung der Proteine in der Ketoform
* Um so höher ist der Oxidationsgrad der funktionellen SH-Gruppen
* Um so geringer ist die noch leistbare chemische Arbeit (im Stoffabbau zum Energiegewinn
* Um so grösser ist der Grad der biologischen Unordnung

Allen krankhaften Störungen ist die zunächst einschleichende reversible und von der Permanenz der Einflußnahme zunehmend stärker werdende, schließlich irreversible Schädigung durch Radikale und damit kompartimentierte Störung der pH-/rH-Verhältnisse eigen.

Die Symptome sind von der Topographie der Schädigung(en) und von der genetischen Individualität abhängig.

Die lebende Zelle/der Organismus als thermodynamisch offenes System bewältigt in weiten Grenzen der Regulation bei der Permanenz von Störungen die adäquate Einstellung einer kompartimentierten pH- Redox- Ionenstärke- Homöostase über ein Netzwerk von Regelkreisen der Redox- Pufferung.

Diese Aufrechterhaltung physiologischer Wertebereiche für pH, rH und Ionenstärke ist die Grundbedingung für:

1. die funktionelle sterische Entfaltung (= optionale Struktur für die geregelte Aktivierung/Inaktivierung) von Proteinen
2. die Aufrechterhaltung der limitierten Keto-Enol-tautomeren Π-Elektronenübergänge bei Enzymen und anderen funktionellen Proteinen als Schutz vor einer 100%igen Ketolisierung und damit funktionellen Inaktivierung.

Das unterschiedliche Verhältnis von Keto- zu Enolanteil ist bei unterschiedlichen Redoxpotentialen **eine wesentliche** Ursache für krankhafte Störungen (= kompartimentierte Störungen von enzymatischen und Signal-Transport- wie Effektor-Funktionen).

Die Protein-Aktivierung (-Inaktivierung) oder deren Störungen sind redoxmessbar.

Der lebende Organismus reguliert seine Ordnung:

1. über Redox- Systeme als das selbstgeregelte Chaos einer statistisch großen Vielzahl einzelner Prozesse
2. über Allosterie-Effektoren (second und third messenger).

Will man ein Verfahren zur Ermittlung regulativer Störungen im Krankheitsfall (oder in von der gesunden Regulation abweichenden Zuständen) entwickeln, so ergibt sich zwangsläufig die Frage nach dem Substrat bzw. dem Kompartiment, worin derartige strukturfunktionelle Störungen plausibel routinemäßig getestet werden können.

Komplexe Serum-Redoxanalyse

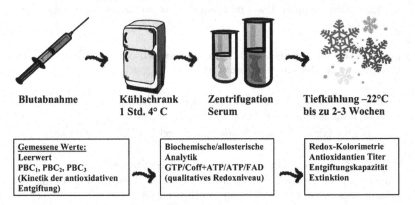

Blutabnahme	Kühlschrank 1 Std. 4° C	Zentrifugation Serum	Tiefkühlung –22°C bis zu 2-3 Wochen

Gemessene Werte: Leerwert PBC$_1$, PBC$_2$, PBC$_3$ (Kinetik der antioxidativen Entgiftung)	Biochemische/allosterische Analytik GTP/Coff+ATP/ATP/FAD (qualitatives Redoxniveau)	Redox-Kolorimetrie Antioxidantien Titer Entgiftungskapazität Extinktion

Abb. 4: Komplexe Serum-Untersuchung als Komplexer Redoxdifferenz-Provokationstest

Schritte der Redox-Analyse	
1. Schritt: **Physiko-chemischer Test** **(vier Werte)** (Kinetik der Freisetzung antiradikalischer Entgiftungsäquivalente im Blut/Serum – Oxidierte/oxidierende Metabolite – Redox-Pufferung) a) Leerpotential b) 10 μg PBC c) 20 μg PBC d) 30 μg PBC	**2. Schritt:** **Biochemisch-thermodynamische** **Analytik (vier Werte)** (Allosterische Struktur-Funktions-Regulation, physikochemische Stabilität komplexer Eiweiß-Strukturen/Biomembranen; Permeabilitätsfunktionen; Stoffumsatz-Charakteristik, Mitose- und Apoptose-Regulation) a) ATP b) ATP + Coffein c) GTP d) FAD
3. Schritt: **Abgeleitete Bezugsgrößen** **(10 Werte)** a) Apoptose- bzw. Mitoserate b) Apoptose- bzw. Mitoseregulation c) Differentialwerte (Stoffwechselcharakteristik, Entzündungs-Typen)	**4. Schritt:** **Kolorimetrie** a) Antioxidantien- Titer b) Glutathion-Äquivalente c) Entgiftungskapaziät gegen freie Radikale in μg/ml x sek.

Tab. 2

Im vitalen Vollserum entfallen 60–70% der gesamten reduktiven Kapazität auf die SH- und anderen reduzierenden Gruppen der Eiweißkörper. (Miller, Rodgers and Cohen, 1986).

Das kommunizierende System bestehend aus Interstitium – interstitielle Flüssigkeit, lymphatische Flüssigkeit, Blut (Serum/Plasma) stellt ein geschlossenes humorales Kompartiment dar als biophysikalisch-biochemisches Kontinuum des gesamten Körpers.

Was biophysikalisch-biochemisch intra-, intra- extra und extra- intra- zellulär sowie interzellulär reguliert wird oder gestört ist, spiegelt sich physikochemisch ex- vivo/in-vitro auch im Verhalten der Serum-gebundenen makromolekularen Strukturen wider.

Zur Bestimmung des Grades der Schädigung der Regulations-Ordnung des Organismus wurde daher die Serum- Analytik als physiko- und biochemisches Mehrschrittverfahren eingeführt.

Aus dem venösen Blut (20 ml) wird das Serum durch Zentrifugation abgetrennt und bei −22° C bis zur Aufarbeitung (bis zu 14 Tagen) aufbewahrt.

Die Analytik als „Komplexe Serum-Redoxdifferenz-Provokationsanalyse" wird in vier Untersuchungskomplexe aufgegliedert.

Im Ergebnis der Messungen werden:
- eine Messdaten-Auswertung
- eine Messdaten-Beurteilung
- ein Befund
erstellt.

Aus den erhaltenen Messwerten wird über ein von uns entwickeltes Dosierungs-Programm der individuelle Dosierungs-Bedarf quanti- und qualitativ auf 35 verschiedene Komponenten bezogen zur Therapie-Empfehlung errechnet.

Diese errechneten Quantitäten sind letztlich entscheidend für die Regeneration des gestörten Inneren Milieus, der gestörten Regulation der Redox- und pH-Bedingungen in verschiedenen Kompartimenten als Ursache gestörter Zell- bzw. Organfunktionen bei Erkrankungen.

In Abb. 5 werden die Änderungen von ausgewählten Redox-Messwerten in der Provokationsanalyse bei 400 gesunden Vergleichspersonen und bei 400 Tumorpatienten gegenüber gestellt.

Die Möglichkeiten zu präzisen diagnostischen Schlussfolgerungen belegen die Cluster- Auswertungen der Reaktionswerte bei Gesunden- und Tumorpatienten (Abb. 6) oder auch bei Gesunden und Psoriatikern. (Abb. 7)

Das Bestimmtheitsmaß R^2 ist eine statistische Größe zur Bewertung von gesuchten Korrelationen zwischen Messwerten und zugehörigen Prozessen.

Dabei ergibt ein Wert von $R \geq 0,8$ aus der Trendlinien-Analyse solcher Messwerte einen signifikant hohen Grad der Korrelierbarkeit.

In Abb. 8 werden die Quotienten von GTP und ATP auf den jeweiligen Leerwert bezogen für 100 Gesunde, 100 Patienten mit malignen Erkrankungen und 91 Patienten mit Multipler Sklerose als Messwerte-Cluster dargestellt.

Aus der Ermittlung der Funktionen für die Trendlinien ließen sich folgende Bestimmtheitsmaße errechnen:

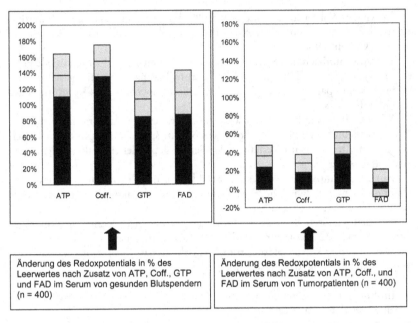

Abb. 5: Änderungen von Redox-Messwerten in der Provokationsanalyse bei Gesunden und
Tumorpatienten

Gesunde:	$R^2 = 0{,}628$
Tumor-Patienten:	$R^2 = 0{,}6514$
MS-Patienten:	$R^2 = 0{,}7929.$

Somit sind die jeweiligen Größenordnungen für $R = 0{,}79$ bzw. $0{,}81$ und
$0{,}89$.

Es besteht ein hochsignifikanter Zusammenhang zwischen den Redox-
Messwerten und den zugehörigen Erkrankungen.

Geht man davon aus, daß die gestörte bzw. dysregulierte Redox-pH-Ionen-
stärke-Homöostase zur akkumulierten Fehlregulation von Biofunktionen führt
bzw. bei Erkrankungen für die typischen Störungen verantwortlich ist, so ist eine
therapeutisch-ursächliche Einflussnahme ebenfalls von den gestörten Messwerte-
Relationen ableitbar.

Vor dem Hintergrund der verfügbaren über 1,2 Millionen Patienten-Daten
seit Einführung der Redox-Analyse in die Klinik wurde ein Dosierungs-Rechen-
programm entwickelt.

Für die einzelnen antioxidativen bzw. Mineralstoff-Komponenten konnten
durchgängig polynomische Abhängigkeiten von den Redox-Messwerten gefunden werden:

Es handelt sich um Polynome vierten bis neunten Grades. Zur Ermittlung der
Dosierungs-Empfehlung werden die mathematisch-funktionellen Abhängigkeiten
durch jeweils vier Funktionsgleichungen mathematisch angenähert beschrieben.
Der Funktionswert Y wird ermittelt und als Dosierungsgröße empfohlen.

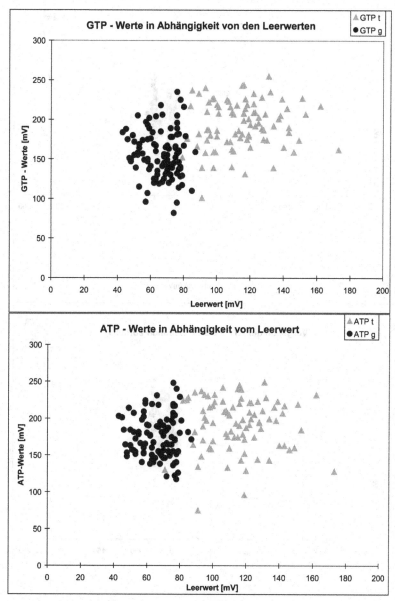

Abb. 6: Clusterdarstellung der Reaktionswerte Gesunder (schwarz •) und von Tumorpatienten (grau ▲)

Das Rechnerprogramm wird permanent aktualisiert als selbstlernendes Programm, bezogen auf den Stand der klinisch erfolgreichen therapeutischen Anwendung. (Abb. 9)

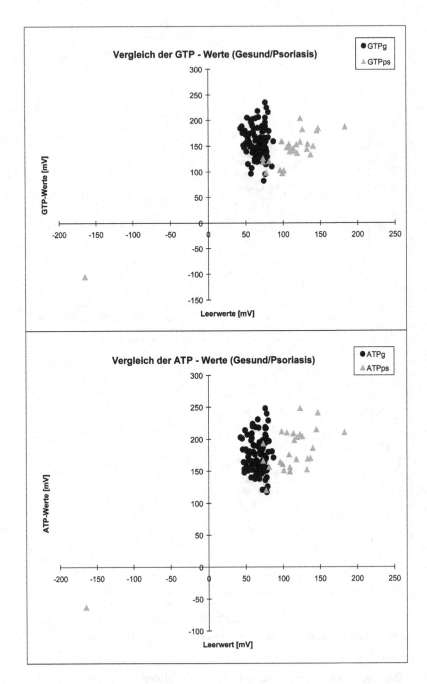

Abb. 7: Clusterdarstellung der Reaktionswerte GTP und ATP bei Gesunden (schwarz •) und
Psoriatikern (grau ▲)

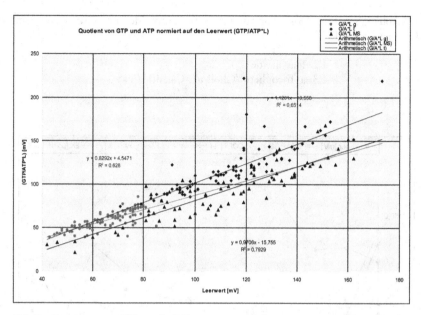

Abb. 8: Quotient von GTP und ATP normiert auf den Leerwert: Trendlinien-Analyse

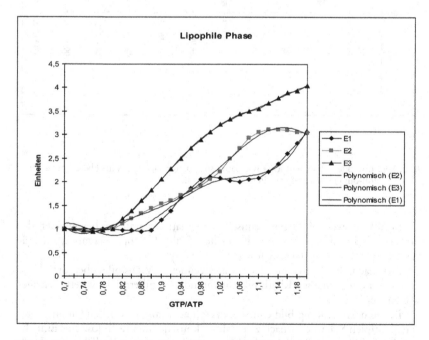

Abb. 9: Dosierung von Co Q10, Flavonoiden und Tocopherol als Funktionen des Quotienten GTP/ATP-Regulation

Abhängigkeit der Dosierung von Co Q10, Flavanoiden und Tocopherol vom
Quotienten GTP/ATP
>   E1=Co Q10
>   E2=Flavonoide
>   E3=a-Tocopherol/Cholin/L-Carnitin/B15

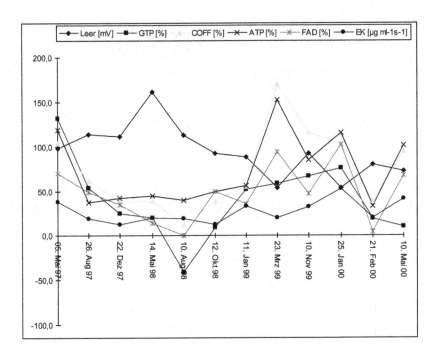

Abb. 10: Entwicklung biochemischer Regulationsparameter nach individuell berechneter Vitalstoff-Supplementation zur Prävention (männlich, 68 Jahre)

In Abb. 10 werden die biochemischen Regulationsparameter bei andauernder
und wertebezogen berechneter individueller Vitalstoff-Supplementation zur Prävention („anti-aging") dargestellt.

Erst nach der Einnahme der dosisberechneten Vitalstoffe über drei Jahre
konnte eine regelmäßige Rhythmik annähernd euregulierter Messwerte nachgewiesen werden.

Bei dem Erkrankungsbild einer bereits seit acht Jahren bestehenden progressi-
ven Multiplen Sklerose ist nach zwei Jahren konsequenter hochdosierter Einnahme eine stabilisierte Regulation der Messwerte nachweisbar. Parallel wurde durch
den behandelnden Neurologen das Persistieren der Erkrankung bestätigt.

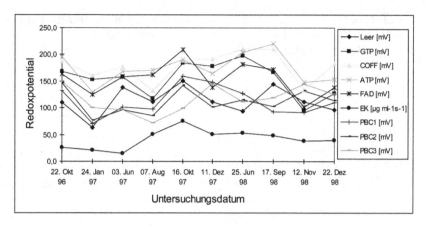

Abb. 11: Gegenüberstellung der biochemischen Grundparameter bei Multipler Sklerose (weiblich, 35 Jahre)

Die vorliegende große Anzahl von Befunden und Verlaufskontrollen erlaubt den folgenden Ausblick:

Ausblick

- Das Verfahren der Komplexen Serum- Redox- Differenz-Provokationsanalyse stellt kein Dogma dar; es ist offen für jede Änderung bzw. Erweiterung.
- Die Redoxanalyse erlaubt ein breites diagnostisches Aussagen-Spektrum.
- Das Verfahren kann auch zur Therapie- Erfolgskontrolle herangezogen werden.
- Vor dem Hintergrund gestörter Homöostase- Bedingungen des Inneren Milieus erlauben die Messwerte Aussagen zum Fehlen von Antioxidantien und damit zu therapeutischen Empfehlungen.

Literatur

Bull HB (1951) Physical. Biochemistry, 2. Ed, London, New York zitiert nach: Segal J, Kalaidijew A (1977) Biophysikalische Aspekte der Struktur, Dynamik und Biosynthese der Eiweißmoleküle, VEB Georg Thieme, Leipzig.

Cotter TG (1994) Cellular suicide genes. Apoptosis: The art of cell death. Helix, Amgen's magazine of biotechnology, III, 1, 44–51.

Halliwell B, Gutteridge JMC (1985) Free Radicals in Biology and Medicine Clarendon Press, Oxford.

Muirhead H, Perutz MF (1963) Structure of haemoglobin. A three – dimensional Fourier synthesis of reduced human haemoglobin at 5,5 A° resolution. Nature 199, 633, Zit.

nach: Segal J und Kalaidijew A (1977) Biophysikalische Aspekte der Struktur, Dynamik und Biosynthese der Eiweißmoleküle, EB Georg Thieme, Leipzig.
Miller MG, Rodgers A, Cohen GM (1986) Biochem Pharmacol 35, 1177–1184.

Kapitel 11

Säure-Basenhaushalt und Antioxidantien

Norbert Maurer

Zusammenfassung
Säure-Basenhaushalt und Antioxidantien sind zwei medizinische Thematiken, die nicht unmittelbar einsichtig miteinander zusammenhängen. Schon bei latenter Azidose verbrauchen biophysikalische Reaktionen Elektronen, um überschüssige H^+-Ionen zu neutralisieren. Freie Elektronen werden allerdings auch benötigt, um radikalische Oxidationsprozesse zu bremsen. Die Folge der Azidose ist also vermehrte Oxidation mit allen vermutlichen negativen Folgen wie gesteigerte Arteriosklerose, Immunschwäche und vorzeitige Alterung. Bei Maßnahmen zur Entsäuerung sinkt der Bedarf an Antioxidantien.

Sauerstoff wird im menschlichen Organismus zur Energiegewinnung verwendet. Dieser Vorgang geschieht im Rahmen der Oxidation in den Mitrochondrien im Rahmen der biochemischen Prozesse der Atemkette. Etwa 7% der Sauerstoffverbindungen werden aus diesen Zellorganellen freigesetzt und können, sofern nicht antioxidative Prozesse diese neutralisieren, zu beträchtlichen Schäden an Zellorganellen, im Zytoplasma und an Zellmembranen führen.

Oxidationsprozesse in unserer Umwelt lassen Plastik spröde, Gummi morsch, Butter ranzig und Eisen rostig werden.

Im menschlichen Organismus werden in 7 Liter Blut 1 bis 2×10^{21} Sauerstoffradikale pro Minute entgiftet. Das sind pro Zelle 10^4 oxidative DNA-Schäden pro Tag. Für einen Menschen bedeutet dies täglich 10^{16}–10^{18} radikalische Schädigungen. Eine einzige Zigarette setzt 10^{14} Sauerstoffradikale frei. Somit werden insgesamt hohe Leistungsanforderungen an Reparatur und Schutzmechanismen gestellt.

Freie Radikale sind Moleküle mit Elektronendefizit. Wenn diese ROS (radical oxygen species) nicht durch antioxidative Prozesse neutralisiert werden, entsteht im Organismus Oxidation- unter Umständen im Rahmen von sogenannten Kettenreaktionen mit „Flächenbrandwirkung".

Freie Radikale können prinzipiell auf zwei Arten aktiviert werden:

Einerseits die physikalische Aktivierung durch Ultraviolett-, Infrarotlicht, Röntgen-, Kobaltbestrahlung und Gammastrahlen andererseits chemische Aktivierung im Rahmen von Enzymprozessen wie z.B. Peroxydasen, Oxydasen und Superoxyddismutasen oder die Aktivierung vom Fentontyp.

Hochreaktive Moleküle, die die Bildung freier Radikale begünstigen, sind Singulettsauerstoff, Stickstoffmonoxid, Stickstoffdioxid, Wasserstoffperoxid und Hydroperoxyd.

Als freie Radikale gelten Superoxyd-Anion, Hydroxylradikal, Peroxylradikal, Perhydroxylradikal, Alkoxylradikal, Nitritoxyradikal und Peroxynitrit.

Je kürzer die Halbwertzeit einzelner Radikale ist, desto reaktionsfreudiger und somit schädigender können solche Sauerstoffradikale sein.

Die Halbwertszeiten einzelner Radikale sind:

Hydroxylradikal:	10^{-9} Sekunden
Alkoxylradikal:	10^{-6} Sekunden
Nitroxiradikal:	1–10 Sekunden
Peroxylradikal:	7 Sekunden

Die ROS-Aktivität führt im Einzelnen zu respiratory burst und somit zu Bakteriocidie, zu DNA-Schäden und somit zu malignen Erkrankungen, zu Zellmembranschäden und somit zu Schäden von Zellen, zur Inaktivierung von Stickstoffmonoxid und somit zu mikrozirkulatorischen Schäden und Hypertonie, zur LDL-Oxidation und somit zu Arteriosklerose und zur Zelladhäsion und somit zu entzündlichen Prozessen. Sauerstoffradikale haben – wie alles im Leben – auch positive Aspekte!

Sauerstoffradikale sind prinzipiell lebensnotwendig!

Radikalische Stufen regulieren vitale Prozesse wie Phagozytose, Zellteilung, Apoptose, enzymatische Funktionen, vasculäre Funktionen, neuronale Funktionen, die Gewebshormonsynthese und vieles mehr. Radikalische Stufen wirken also als Signalmoleküle und sind somit als second messenger anzusehen.

Quantitativ bedeutsame Quellen für ROS sind die mitochondriale Atemkette und die physiologische Gewinnung von Energie aus Sauerstoff, der Purinabbau mit der Umwandlung von Hypoxanthin zu Xanthin und zu Harnsäure, die Katecholaminoxidation, die Autooxidation von Oxy-Hämoglobin, der Stoffwechsel von Thiolen und anderer reduzierter Verbindungen, die Xenobiotika-Entgiftung mit allen Reaktionen des Cytochrom-P450-Systems, die Tätigkeit neutrophiler Granulozyten im Rahmen entzündlicher Prozesse, der Arachidonsäuremetabolismus und die Einwirkung von UV-Strahlung und radioaktiver Strahlung.

Wie entstehen nun Sauerstoffradikale?

Radical oxygen species entstehen durch eine Reihe von physikalischen und (bio)chemischen Prozessen.

Physikalische Ursachen sind Feldeinwirkungen von UV-Strahlung, ionisierender Strahlung, Radioaktivität, Handy-, Bildschirm-, Monitor-Abstrahlung etc.

Chemische Ursachen sind Tabakrauch und andere Carcinogene, Alkohol, Pestizide, Herbizide, Industrie- und Verkehrsabgase Chemieprodukte, gegrilltes Fleisch etc.

Physiologischer- und auch unphysiologischerweise entstehen Sauerstoffradikale durch Stressbelastung oder starke körperliche Belastung.

Akuter oxidativer Stress findet sich bei einer Reihe von pathologischen Prozessen. Es sind dies vor allem Schockzustände wie bei großflächiger Combustio, Arzneimittelreaktionen, entzündlichen Prozessen, Myocardinfarkt, cerebralem Infarkt etc.

Auch bei sportliche Aktivität, vor allem höherer Intensität und falschem Training im Rahmen von zu vielen anaeroben Belastungseinheiten entsteht akuter oxidativer Stress.

Chronischer oxidativer Stress findet sich bei chronisch verlaufenden Krankheitsbildern wie vasculären Prozessen (KHK, cerebrovasculärer Insuffizienz), pulmonalen Erkrankungen (COPD), Hepatopathie, Autoimmun-Erkrankungen (PCP), bei der Carcinogenese, Katarakt, Psoriasis und Erkrankungen des allergischen Formenkreises.

Zur Neutralisation von Sauerstoffradikalen benötigt der menschliche Organismus elektronenreiche Moleküle, wie dies **Antioxidantien** darstellen.

Prinzipiell werden enzymatische und nicht enzymatische Antioxidantien unterschieden. Nichtenzymatische Antioxidantien werden noch nach der Molekülgröße unterschieden.

1. Enzymatische Scavenger sind das Glutathion-System (mit GSH-Synthetasen, -Reduktasen, -Transferasen), Enzyme, die Reduktionsäquivalente erzeugen (wie G1-6-P-DH, 6-Phosphoglukonat-DH), Peroxidasen, die selenabhängige Glutathionperoxidase, die selenabhängige Phospholipid-Hydroperoxyd-Glutathionperoxidase, Superoxyddismutasen in Mitochondrien, Katalasen im Cytoplasma und im Peroxisom von eukaryoten Zellen usw.

2. A) Nieder- und Mittelmolekulare Nichtenzymatische Scavenger sind z.B.
   a) Vitamine wie Vit. A, Beta-Carotin und Carotinderivate, Vit. E und Tokopherolderivate, Vit. C und lipidlösliches Vit. C
   b) Phytochemicals (sekundäre Pflanzeninhaltsstoffe) wie z.B. Flavonoide, Anthozyane, Phenolsäuren und Phenolester
   c) Bioorganische Moleküle des menschlichen Organismus wie z.B. Harnsäure, Taurin, L-Cystein, Selenocystein, L-Methionin, Selenmethionin, Alpha-Liponsäure, Coenzym Q 10, reduziertes Glutathion (GSH) und Glutathion-Derivate
   d) Synthetika – Arzneimittel wie z.B. Heterozyklen (Ethoxyquin, Barbiturate, Carbazole, Phenothiazine, Levamisol, Nafazatrom, Naloxon, Tinoridin)

2. B) Großmolekulare, Nicht-Enzymatische Scavenger sind z.B. Laktoferrin, Fe-freies Transferrin, Haptoglobin, Hämopexin (Häm-Hb-Komplex)

Säure-Basenhaushalt und Oxidoreduktion

Sowohl der Säure-Basenhaushalt als auch die Oxidation haben als gemeinsamen Wirkmechanismus den Elektronenbedarf.

Bei Azidose werden zur Neutralisation der H^+-, respektive H_3O-Ionen Elektronen benötigt. Bei Oxidation werden zur Neutralisation der Sauerstoffradikale ebenfalls Elektronen benötigt. Dies hat zur Folge, dass bei Azidose die Oxidation ansteigt, bei Basenzufuhr die Oxidation im Gewebe abnimmt. Ebenso führt vermehrte Oxidation zu Azidose und reduktive Prozesse alkalinisieren.

Aktivierte Proteinformen sind Enolformen. Diese liegen allerdings bei Azidose und Oxidation vermehrt als inaktive Ketoformen vor. Übermäßige intrazelluläre Oxidation inaktiviert somit gleichzeitig Proteine, die als intrazellulärer Puffer wirksam sein sollten. Daher besteht bei vermehrter intrazellulärer Oxidation auch die verstärkte Möglichkeit einer intrazellulären Azidose.

Anaerober bzw. partiell anaerober Stoffwechsel bei Sport führt über die Laktatazidose zu einem erhöhten Redoxpotential und somit auch zur Oxidation. Sportausübung, besonders im anaeroben Bereich hat daher einen deutlich erhöhten Bedarf an Antioxidantien.

Cum grano salis kann gesagt werden, dass bei Entsäuerung des Organismus durch Neutralisation von H^+-, respektive H_3O-Ionen die reduktive Kapazität ansteigt und somit auch der Antioxidantienbedarf sinkt.

Weiterführende Literatur

Löffler G, Petrides PE (1998) Biochemie und Pathobiochemie, 6. Auflage, Springer Verlag.

Ohlenschläger G (2000) Freie Radikale, Oxidativer Stress und Antioxidantien, 2. Auflage, Ralf Reglin Verlag, Köln.

Watzl B, Leitzmann C (2005) Bioaktive Substanzen in Lebensmitteln, 2. Auflage. Hippokratesverlag.

Werbach MR (1999) Nutriologische Medizin, Hädeckeverlag.

Kapitel 12

Energetische Therapien bei Schwingungsverschlackung

Norbert Maurer

Zusammenfassung
In der vorliegenden Hypothese werden Akupunkturmeridiane als Leiter für
physiologische Informationen in Wellenform betrachtet. Jede Substanz, die
in den Blutkreislauf gelangt und nicht rasch verstoffwechselt wird, wird durch
Verdünnung und Schüttelung „homöopathisch" potenziert. Diese im Serum
aber in der Folge auch im Bindegewebswasser vorliegenden Verdünnungsrei-
hen stören den im Akupunktursystem postulierten Transport von Informationen als Lichtphotonen, anderen elektromagnetischen Wellen oder Schallwellen.

Natürliche Heilverfahren mit mehrheitlichen Schwingungseigenschaften
interferieren solche pathologischen Wellenmuster und ermöglichen einen verbesserten Informationstransport im Meridian.

Akupunkturmeridiane werden in dieser Hypothese als Leiter von Informationen
in Schwingungsform angesehen. Pathologische Störungen im Informationstransport können sowohl durch materielle, als auch Schwingungsaspekte erfolgen.
Naturheilverfahren mit überwiegender Schwingungswirkung können störende
Schwingungsinformationen im Meridianbereich interferieren und den Informationstransport verbessern.

Informationen mit überwiegendem Schwingungsaspekt, lassen sich in ihrer
Wirksamkeit mit Hilfe der Quantenphysik erklären.

Die Quantenhypothese wurde 1900 von Max Planck aufgestellt:

Ein strahlendes System kann nur das ganzzahlige Vielfache der Elementarla-
dung hυ abstrahlen.

Quanten sind eine makroskopisch kontinuierlich erscheinende physikalische
Größe, die nur in einer bestimmten, nicht weiter unterteilbaren Menge auftritt.

Quanten sind:

• portionsweise Energie

- versehen mit wellen- und partikelartigen Eigenschaften, **sind jedoch weder Welle noch Partikel**
- „ein Stück Aktion"

Als Quantenbeispiele seien Photonen, Phononen, Plasmonen und Magnonen angeführt.

Daraus folgt, dass alle Moleküle von einem typischen perimolekularen elektromagnetischen Feld umgeben sind. Wir sind heute in der Lage, bei Molekülgruppen bis zu 60 Molekülen (sog. Fullerene) Interferenzen (im Sinne von Welleneigenschaften) nachzuweisen. Aus den 40er Jahren des vorigen Jahrhunderts sei noch die Aussage des Physikers De Broglie zitiert: „Jedem materiellen Objekt ist eine Welle mit wohldefinierter Wellenlänge zuzuordnen".

Übertragen auf die Medizin bedeutet dies, dass jede medikamentöse Therapie, z.B. Aspirin, Teilchen-, aber auch Wellenaspekte hat. Wissenschaftliche Untersuchungen der Wellenaspekte von Pharmakotherapien stehen bis zum heutigen Tage aus.

Homöopathische Mittel jenseits der Dilution 24 beinhalten nach statistischen Überlegungen kein einziges Molekül der Urtinktur.

Nach Überlegungen der Quantenphysik scheint es so zu sein, dass ein fließender Übergang vom Überwiegen der Teilcheneigenschaften bis etwa von Dilution 8 bis zum Überwiegen der Schwingungseigenschaften etwa bis zu Dilution 30 stattfindet.

Für die Medizin lässt sich eine Therapiesystematik auf Basis der Quantenphysik aufstellen:

1. Therapien mit überwiegendem Teilchenmechanismus
   Naturheilverfahren mit überwiegend materieller Wirkung sind Vitalstofftherapien, Phytotherapie, Ernährungsmedizin usw. Auch die klassisch medizinische Pharmakotherapie fällt in diese Kategorie.
2. Therapien mit überwiegendem Schwingungsmechanismus
   Naturheilverfahren mit überwiegender Schwingungswirkung sind Homöopathie, Nosoden (in höheren Potenzen), Bach'sche Blüten, Akupunktur, Laser, Bioresonanztherapie, Matrix- Regenerationstherapie, Wärmetherapie, Elektrotherapie, Magnetfeld, usw.

Therapiereaktionen des menschlichen Organismus auf Therapien mit überwiegend materiellem Aspekt geschehen mit materiellen Strukturen (Stoffwechsel), auf Therapien mit überwiegendem Schwingungsmechanismus mit schwingungsverarbeitenden Systemen. Eine ganze Reihe von Schwingungsemissionen des Menschen sind bekannt (EEG, EKG, Wärmestrahlung, Biophotonen).

Schwingungsaspekte von Therapien können nur dann vom menschlichen Organismus akzeptiert werden, wenn diese auch Informationen enthalten, die vom Organismus verstanden werden. An dieser Stelle sei der Wiener Physiker Zeilinger zitiert, der davon spricht, dass „das elementarste Quantensystem einem Bit an Information entspricht". (Zeilinger 2003)

Informationskriterien für biologische Systeme sind
- die Informationsqualität
- die Quantität
- Informationsverarbeitung

Damit Informationen im menschlichen Organismus zu Reaktionen führen können, benötigen sie hohe Kohärenz und somit in der Folge geringe Übertragungsenergie. Kohärenz bedeutet die Fähigkeit zu Interferenz, also „schön" regelmäßig schwingende Wellen, die in fester Beziehung zueinander stehen.

Kohärenz bedeutet physikalisch gesehen Schwingungen mit gleicher Frequenz, gleicher Wellenlänge, gleicher Amplitude, gleicher Phasenverschiebung, gleicher Wellenform und somit bei Licht auch Monochromasie,

Für den menschlichen Organismus bedeutet nach Ludwig eine zu hohe Kohärenz starre Ordnungseffekte und somit Erkrankungen im Sinne chronischer Erkrankungen wie Autoimmunerkrankungen, Karzinome, usw.

Eine zu geringe Kohärenz bedeutet Chaos und ist ebenfalls in Richtung von Krankheit im Sinne von Allergien, Entzündungen zu deuten.

Ludwig hat diesen Zustand die so genannte Laserschwelle an der Grenze zwischen Chaos und starrer Ordnung mit dem Gleichgewicht von aktivierten und nicht-aktivierten Elektronen definiert. An der Laserschwelle ist der Organismus am Besten im Stande, Reize zu verarbeiten.

Theoretisch könnten folgende Schwingungsqualitäten im Akupunkturmeridian geleitet werden:
• Elektromagnetische Wellen
• Lichtwellen
• Schallwellen

Informationsquantität

Zu niedrige Intensitäten der Information (zu niedrige Amplitude) sind ineffektiv und führen zu keinen Therapieneffekten. Zu starke Intensität (zu hohe Amplitude) schadet dem Patienten und führt unter Umständen zu irreversiblen Noxen.

Für biologische Systeme existieren allerdings wohldefinierte Reizstärken („adey window"), die zu biologischen, wissenschaftlich untersuchbaren Effekten führen. Ein Therapiereiz darf also weder zu stark, noch zu schwach sein, um in einem biologischen System wirksam werden zu können.

Informationsverarbeitung

Das „Informationssystem Mensch" kann nach Art der Informationstheorie betrachtet werden. Demnach müssen folgende Strukturen für die Wirksamkeit eines Reizes vorhanden sein:
• Rezeptoren
• Leiter
• Transformatoren, Schnittstellen
• Speicher
• Sender

Systeme zur Informationsverarbeitung sind seit Alters her bekannt und nötigen Respekt zu alten Traditionen ab. Es sind dies aus der traditionellen, chinesischen Medizin das Akupunktursystem, aus der indisch tibetischen Medizin die Energiezentren oder Chakren und sowohl in der westlichen als auch der östlichen Tradition die Energiekörper.

Alle diese zusammenhängenden Systeme könnten als Quanten- bzw. Schwingungsleitsystem betrachtet werden.

Pathologie der schwingungsverarbeitenden Systeme:

Schwingungsverschlackung bedeutet nun nach dieser Hypothese eine Störung des Schwingungstransportes im Meridianverlauf durch im Gewebewasser gespeicherte Schwingungseigenschaften.

Jede Substanz (Chemie, Medikation, Krankheitserreger usw.) wird durch die Aktivität des cardiovasculären Systems und somit des Blutkreislaufes verdünnt und geschüttelt und in einer Reihe von „homöopathischen" Verdünnungen vorliegen. Diese können auch in das Bindegewebswasser abdriften. Nach der Hypothese von Conte-Lasne („black and white holes") würden sich erhebliche Störungen im Schwingungstransport eines Meridians ergeben. Sowohl die Lichtbrechungseigenschaften, der elektrische Widerstand und die Dämpfungseigenschaften von Bindegewebswasser wären deutlich verändert. Auf dieser Basis entstünden Veränderung des Informationscharakters der im Meridian geleitenden Schwingungseigenschaften, die im Extremfall zu Krankheiten führen können.

Naturheilverfahren mit überwiegender Schwingungswirkung interferieren solche pathologischen Schwingungsmuster im Bindegewebswasser und somit im Verlauf des Akupunkturmeridians. Im Akupunkturmeridian zirkulierende Informationen auf Schwingungsbasis werden dadurch weniger verfälscht. Dies sollte in der Folge zu einer verbesserten Reaktionsfähigkeit des Organismus und zu einer geringeren Krankheitsanfälligkeit führen.

Weiterführende Literatur

Bischof M, Biophotonen (1995) Das Licht in unseren Zellen, Verlag Zweitausendeins.

Conte RR, Berliocchi H, Lasne Y, Vernot G (1996) Theory of high dilutions and experimental aspects, Polytechnica.

Endler PC, Schulte J (1998) Fundamental Research in Ultra High Dilution and Homoepathy, Kluwer Academic Puplishers.

Endler PC, Schulte J (1994) Ultra High Dilution – Physiology and Physics, Kluwer Academic Publishers.

Endler PC, Schulte J (1996) Homöopathie-Bioresonanztherapie, Verlag Maudrich, Wien-München-Bern.

Endler PC (1998) Expedition Homöopathieforschung – Ein altes System wird plausibel , Verlag Wilhelm Maudrich, Wien.

Klima H, Lipp B, Lahrmann H, Bachtik M (1998) Elektromagnetische Bioinformation im Frequenzbereich von 100 Hz bis 100 kHz? Forsch Komplementärmed, 5: 230–235.

Klima H, Roschger P, Über die Wirkung von Lasertherapien aus der Sicht der Lichtemissi-on während der Im-munabwehr durch Phagozyten, Vortrag am 2. Deutschen Kongress für konservative Lasertherapie 31.10. – 2.11. 1986, Congress Center Nürnberg.

Ludwig W (1999) Informative Medizin – Krankheits-Ursachen/Behandlung ohne Che-mie, Leipziger Messe Verlag und Vertriebsgesellschaft mbH.

Pischinger A (1975) Das System der Grundregulation – Grundlagen für eine ganzheitsbio-logische Theorie der Medizin, Karl F Haug Verlag, Heidelberg.

Popp FA, Li KH (1993) Hyperbolic relaxation as a sufficient condition of a fully coherent ergodic field. International Journal of Theoretical Physics, Vol 32, No 9

Popp FA (1983) Neue Horizonte in der Medizin, Haug Verlag.

Strube J, Stolz P (1999) Elektromagnetische Strukturabbilder (EMSA) als ein Wirkprin-zip der Informationsübertragung bei der Potenzierung von Arzneien, Biol Med; 28: 294–303.

Kapitel 13

Pflanzen mit ausleitender und antirheumatischer Wirkung – ein weißer Fleck auf der Landkarte der Grundsubstanzforschung

Heinz Schiller

Zusammenfassung

Heilkräuter werden schon seit Jahrhunderten zur Entschlackung eingesetzt, wobei sich einige Klassiker herausgebildet haben. Drei davon, Brennnessel, Löwenzahn und Wacholder, werden besprochen. Die moderne Heilpflanzenforschung konnte einige Wirkmechanismen der Entschlackung, aber auch ein faszinierendes Zusammenspiel von allgemeiner und lokaler Wirkung nachweisen. Zwei Pflanzen, Goldrute und Weihrauch, bei denen diese Forschungen besonders interessante Ergebnisse gebracht haben, werden vorgestellt. Die **unterschiedliche Wirkung mit dem Gesamtziel der Harmonisierung der verschiedenen Kompartments** unseres Körpers lässt die Wahl des Ausdrucks „Antidyskratika" für diese Heilpflanzen sinnvoll erscheinen. Leider fehlt noch die gezielte Forschung über die Beeinflussung des Bindegewebes bei Gabe dieser Kräuter.

Antidyskratika

Schon seit Jahrhunderten verwendet man Heilkräuter zur Stimulierung der Körperausscheidung, wobei man unter „Ausscheidung" ganz allgemein die Tätigkeit von Niere, Leber, Gedärmen, aber auch das Schwitzen verstanden hat, eben alles, was der Körper „von sich gibt". Grund für diese Stimulierungsversuche war wohl die prinzipielle Annahme, dass ein Ungleichgewicht der Körpersäfte primär krankheitsverursachend wirkt. Dieses Ungleichgewicht bezeichnete man als Dyskrasie, die dagegen wirkenden, ausscheidungsstimulierenden Kräuter als **Antidyskratika**.

Heutzutage nimmt man in der modernen Grundsubstanzforschung an, dass eine fehlerhafte Zusammensetzung der Grundsubstanz in den verschiedenen Kompartments als Störfaktor wirkt – so gesehen erscheint die alte Lehre vom Ungleichgewicht der Säfte gar nicht mehr so antiquiert und daneben, und der Begriff der Antidyskratika hat, durchaus logisch, seine Berechtigung.

Die meisten Pflanzen wirken über mehrere Mechanismen, und der Versuch, die Heilpflanzen-Wirkung auf einen einzigen Stoff zurückzuführen, ist fast immer gescheitert; erst das **Zusammenspiel mehrerer Faktoren kann den Effekt der ganzen Pflanze beschreiben.** Es gibt lokale Auswirkungen oder solche, die auf den ganzen Organismus zielen, und sie ergänzen einander oder schwächen Nebenwirkungen ab. Im Rahmen dieser Arbeit können, schon aus Platzgründen, unmöglich alle in der Indikation „Antidyskratika" wirkenden Heilkräuter vorgestellt werden. Daher kommen die bekanntesten zum Zug, außerdem noch Heilpflanzen, an denen die Forschung der letzten Jahre dieses Zusammenspiel lokaler und universeller Wirkung gut darstellen konnte.

Praktische Anwendung

Nicht von Ungefähr hat man schon immer Heilpflanzen miteinander kombiniert, um die Wirkung zu optimieren – es ist ja durchaus vernünftig, mehrere Angriffspunkte zu haben und auszunützen. So kann zum Beispiel, je nach Befindlichkeit des Patienten, zu den antidyskratischen Kräutern anfangs etwa kurzfristig ein Abführtee oder ein Karminativum zur besseren Verträglichkeit verabreicht werden.

Antidyskratika sollten, und das ist der zweite Punkt, möglichst nicht als Dauertherapie angewendet, sondern kurmäßig eingesetzt werden. Auf sechs bis acht Wochen Behandlung soll auf jeden Fall eine Pause von ca. vier Wochen folgen.

Die bekanntesten Kräuter für diese Entschlackungskuren sind Brennnessel, Löwenzahn und Wacholder.

Die Brennnessel

Von der Brennnessel sind hauptsächlich zwei Arten von Belang: die Kleine Brennnessel mit dem lateinischen Namen Urtica urens, und die Große Brennnessel, Urtica dioica. Verwenden kann man die gesamte Pflanze: die krautigen Bestandteile (Herba Urticae), die Wurzel (Radix Urticae) und die Früchte (Fructus Urticae), wobei unterschiedliche Wirkungen erzielt werden können, je nachdem, welchen Pflanzenteil man anwendet. Die Erklärung dafür liegt in der verschieden hohen Anreicherung der einzelnen Inhaltsstoffe: im Kraut dominieren die Flavonoide, dazu Ameisensäure und Eisen, außerdem gibt es reichlich Mineralstoffe und Spurenelemente, wie zum Beispiel Kalium, Calcium, Kupfer, Mangan, Aluminium, Kobalt und Zink; speziell die Blätter sind reich an dem biogenen Amin Cholin, die Brennhaare liefern Ameisensäure, Histamin, Acetylcholin und Serotonin. Die Wurzel wiederum enthält besonders viel ß-Sitosterol, 3-ß-Sitosterin, Scopoletin, Sterole, Triterpene, Lignane, Cumarine, Polysaccharide und Isolektine.

Meist werden die **krautigen Teile** der Pflanze verwendet und als Antidyskratikum eingesetzt. Die Wirkung ist diuretisch, mit einem deutlichen Ansteigen der Ausscheidungsmenge der Nieren und einer Senkung des Harnsäurespiegels. Interessant ist der Antagonismus zu Interleukin 1 und dem Tumornekrosefaktor

Alpha, dadurch kommt es zu einer Hemmung der Prostaglandinsynthese und in der Folge des Knorpelabbaus. Lokal in den Gelenken werden die Zytokine gehemmt, das ergibt ebenfalls einen knorpelprotektiven Effekt. Die Hyperämisierung und lokale Reizung bei äußerlicher Anwendung ist wohl allgemein bekannt. Die Indikationen leiten sich aus den beschriebenen Wirkungen her: Frühjahrskuren zur Entschlackung, unterstützende Behandlung bei rheumatischen Beschwerden, adjuvant bei Arthrosen, bei Gicht, äußerlich als Einreibung bei neuralgischen und rheumatischen Schmerzen, als Haarwuchsmittel – diese Indikation findet man allerdings vor allem in der Volksmedizin.

Brennnessel wird zum Beispiel als Tee verabreicht, und diesen Tee bereitet man folgendermaßen zu: ein Löffel Kraut wird mit einer Tasse Wasser überbrüht. Den Aufguss lässt man erst einmal 10 Minuten ziehen, dann trinkt man drei Mal täglich eine Tasse. Die letzte Portion sollte nicht zu spät am Abend genommen werden, weil sonst die Harnflut in der Nacht einsetzt – gestörte Nachtruhe inklusive.

Wem die Teebereitung zu umständlich ist, der kann Brennnessel auch als Pflanzenpresssaft oder Fertigpräparat zu sich nehmen.

Wie bei allen wirksamen Arzneien gibt es auch hier Kontraindikationen: bei Menschen mit eingeschränkter Herz- und Nierentätigkeit soll Brennnessel nicht verwendet werden. Als Nebenwirkungen können Allergien und Magenreizungen auftreten.

Die **Brennnesselwurzel** möchte ich nur der Vollständigkeit halber erwähnen: Rezeptiert als Wurzel, Radix Urticae, hat sie einen positiven Effekt auf die Prostata, die Miktionsfrequenz und das Restharnvolumen sinken, sie wirkt bei Nykturie und Pollakisurie, weiters noch antiphlogistisch und immunmodulierend. Die Indikation sind Prostataadenome der Gruppe I – II. Zubereitet wird die Droge, indem man 1,5 g in ca. 1/8 l kaltes Wasser gibt, aufkocht, eine Minute köcheln und dann 10 Minuten ziehen lässt.

Eine ganz andere Wirkung haben die **Brennnesselfrüchte**, Fructus Urticae. Sie enthalten 25–30% fette Öle, und zwar 74–83% cis-Linolsäure, 1% Linolensäure, 0,01% Tocopherol, Mineralstoffe, Eiweiß, Chlorophyll, 3–8% Carotinoide. Man wendet sie bei Schwächezuständen an, bei denen sie roborierend wirken sollen. Im Mittelalter wurden sie in Wein gelöst und als Aphrodisiakum verwendet, sozusagen als das Viagra des Mittelalters.

Übrigens: das Wort „Nessel“ hat primär nichts mit Hautreizungen zu tun. „Nezzila“ bezeichnete im Althochdeutschen ein leichtes Gewebe aus Lein(en)-Fasern und dem Bast der Großen Brennnessel – in der Tat war diese Pflanze kein Un-, sondern im Gegenteil ein äußerst nützliches Kraut.

Löwenzahn

Der bekannte, im Mai gelb leuchtende Löwenzahn, Taraxacum officinale, ist schon eine sehr alte Heilpflanze. Bereits in dem vom arabischen Arzt Avicenna im 11. Jahrhundert verfassten „Canon medicinae“ wird er erwähnt, und sein Name könnte auf das arabische „tarak sahha“ zurückgehen, das übersetzt soviel wie „pissen lassen“ bedeutet – eine anschauliche Wirkungsbeschreibung. Verwendet wird damals wie heute die Wurzel mit dem Kraut, Radix Taraxaci cum Herba. An Inhaltsstoffen findet man Bitterstoffe (Bitterstoffwert 600), Triterpenoide, Phytosterine, und, wie bei der Brennnessel, wiederum relativ viele Mineralstoffe und Spurenelemente, z. B. Kalium, Kupfer, Mangan, Selen und Zink. Löwenzahn wirkt cholagog, appetitanregend und diuretisch, aber auch eine direkte Wirkung auf das Bindegewebe wird beschrieben. Dementsprechend sind neben den Frühjahrskuren die wichtigsten Einsatzgebiete Appetitlosigkeit mit dyspeptischen Beschwerden, chronische Gallenbeschwerden und Steinprophylaxe, außerdem Rheuma, Gicht und Arthrosen. Wie immer sind aber auch Kontraindikationen zu beachten: bei hyperacider Gastritis, Gallenwegsverschluss und Gallenblasenempyem darf der Löwenzahn nicht angewendet werden. Als Nebenwirkung kann es zu Magenbeschwerden kommen.

Der Tee wird folgendermaßen zubereitet: Ein Teelöffel mit einer Tasse kalten Wassers ansetzen, kurz aufkochen und 10 Minuten ziehen lassen, zwei Mal täglich eine Tasse trinken. Bei Frühjahrskuren macht man das sechs Wochen lang. Löwenzahn gibt es auch als Presssaft.

Wacholder

Wacholder ist die dritte klassische Entschlackungspflanze. Man verwendet nur die Beeren, Fructus juniperi. Diese Beeren enthalten ätherische Öle und Diterpene, wirken krampflösend, diuretisch und sind bei entzündlichen Erkrankungen der ableitenden Harnwege, außerdem bei Gicht und Rheuma einsetzbar. In der Schwangerschaft darf Wacholder nicht verwendet werden, und auch entzündliche Nierenerkrankungen gelten als Kontraindikation – letzteres ist allerdings nicht zweifelsfrei bewiesen. Als Nebenwirkung können gastrointestinale Störungen auftreten.

Für Wacholder sind zwei Anwendungsmöglichkeiten üblich: einerseits macht man Tee aus den Beeren, wobei ein Teelöffel gequetschte Droge mit einer Tasse heissen Wassers aufgegossen wird. Das Gebräu lässt man dann fünf Minuten ziehen. Zwei Tassen pro Tag sollte man davon trinken. Die fast noch bekanntere Methode ist das Kauen der Wacholderbeeren, die sogenannte „Wacholderkur nach Kneipp". Bei dieser Kur werden die getrockneten Beeren gekaut, und zwar am ersten Tag 4 Beeren, am zweiten 5 u.s.w., bis man am 12. Tag bei 15 Beeren angelangt ist, dann zählt man wieder rückwärts 14, 13, 12 u.s.w. bis wieder auf 5 Beeren. Dann muss die Kur beendet werden, bei zu langer Anwendung kann es zu Nierenreizungen kommen.

Goldrute

Die echte Goldrute, Solidago virgaurea L, ist eine sehr interessante Pflanze, bei der das Zusammenwirken von lokalen und allgemeinen Wirkungsmechanismen gut erforscht ist. Verwendet wird das Kraut, Herba Virgaureae bzw. Herba Solidaginis. Als Inhaltsstoffe hat man ätherische Öle, Flavonoide, Saponine und Phenolglycoside gefunden. Die Flavonoide beziehen ihre diuretische Wirkung aus einer

Hemmung des Abbaus des atrialen natriuretischen Peptids (ANP) und folgender ACE-Hemmung. Zur Entzündungshemmung kommt es durch die Flavonoide und Estersaponine, und zwar durch folgenden Mechanismus: Die leukozytären (neutrophilen) Enzyme Cathepsin und Elastase sind Mediatoren der Entzündung. Sie führen zu einem Abbau von Typ IV Procollagen und bewirken dadurch eine Auflockerung der Basalmembranen und in der Folge des Bindegewebes. Es konnte bewiesen werden, dass die Flavonoide Rutin, Quercetin und die 3,5-Dicoffeylchinasäure diese Elastase hemmen. Außerdem sind sie auch wirksame Radikalfänger (Sauerstoffradikale). Estersaponine aus Solidago wiederum führen in geringer Konzentration zur ACTH-Ausschüttung aus der Hypophyse und in der Folge zu einer Cortisonausschüttung und damit ebenfalls zu einer Beeinflussung der Entzündungsvorgänge.

Wie diese äußerst komplexen Vorgänge beweisen, können in einer Pflanze sehr verschiedene Wirkmechanismen, bei Solidago eben sowohl lokale als auch humorale, zusammenspielen und dadurch den gewünschten Effekt auslösen. In der Summe der Eigenschaften finden wir bei dieser Pflanze sowohl eine Aktivierung der Entschlackung, einen direkten Einfluss auf das Bindegewebe als auch einen allgemein humoralen Effekt.

Die Indikationen der Goldrute sind dementsprechend entzündliche Krankheiten der ableitenden Harnwege, Harnwegssteine und -grieß, aber auch Venenerkrankungen. In der Volksmedizin verwendet man die Goldrute bei Gicht, dem rheumatischen Formenkreis und gegen Hautunreinheiten.

Verabreicht wird Solidago als Kräuterteezubereitung: zwei Teelöffel Droge auf eine Tasse heißen Wassers, zehn Minuten ziehen lassen, mehrmals täglich eine Tasse trinken.

Weihrauch

Der Weihrauch ist keine bei uns heimische Pflanze, trotzdem kennt sie jedes Kind – schon die legendären drei Weisen aus dem Morgenland hatten Weihrauch als Geschenk in ihrem Reisegepäck.

Verwendet wird der indische Weihrauch, Boswellia serrata, oder der afrikanische Weihrauch, Boswellia carterii. Er ist einerseits durch die vielseitigen Angriffspunkte der Therapie, andererseits aber auch durch die entgegengesetzte Wirkung je nach Dosierung sehr interessant. Wirksame Bestandteile sind die Harzstoffe (Boswelliasäuren), ätherisches Öl, Schleime und Proteine. In niedriger Konzentration (2,5–10 µg/ml) kommt es zu einer unerwünschten Steigerung der Leukotriensynthese, erst in hoher Konzentration (> 20 µg/ml) führt eine Hemmung der 5-Lipoxygenase zu einer Reduzierung der Leukotriensynthese in der Arachidonsäurekaskade und damit zu einer Abschwächung rheumatischer Reaktionen. Auch eine direkte Beeinflussung des interstitiellen Bindegewebes hat man nachgewiesen, und zwar durch eine Hemmung der Elastase. Zusätzlich werden noch tumorzytostatische Effekte beschrieben (> 30 µg/ml), da es zu einer Bindung von Boswelliasäuren an die Topoisomerase kommt und deren Wirkung gehemmt wird.

Die Indikationen sind unter anderem chronisch entzündliche Krankheiten, besonders des Dickdarms (Colitis ulcerosa, M Crohn) und der rheumatische Formenkreis; in der Tumortherapie wird Weihrauch ergänzend angewendet.

Die wirksamen Bestandteile der Pflanze sind, wie schon erwähnt, Harze, daher muss man natürlich Zubereitungen wählen, die garantieren, dass diese Harze auch aufgenommen werden – Weihrauch zu zerreiben und Kapseln damit zu füllen ist entschieden zu wenig. Als Anwendungsformen sind daher nur Fertigpräparate sinnvoll.

Betrachtet man die Kräuter, die in Entschlackungskuren angewendet werden oder jene Pflanzen, die als Wirkungsziel das interstitielle Bindegewebe haben, dann fällt einem vor allem auf, das es meist sehr alte Heilpflanzen sind, teilweise schon in der persischen Medizin bekannt und in den noch heute gebräuchlichen Indikationen verwendet. Die moderne Heilpflanzenforschung konnte in vielen Fällen Wirkungen nachweisen bzw. Wirkmechanismen abklären. Dabei zeigt sich aber, dass Entschlackung nicht auf **EINE** Wirkung zurückgeführt werden kann, sondern dass verschiedene Mechanismen und Zielorte kombiniert angegangen werden. So denke ich, dass die Reduktion auf einen Teil des Stoffwechsels nicht schlüssig ist, auch wenn da so manches messbar ist wie z. B. der Säure-Basen-Haushalt. Die Natur ist vielfältiger, und es gilt der Grundsatz des Hippokrates, dass das Ziel der Behandlung eine harmonische Grundordnung im Fließgleichgewicht der Natur sein sollte. Der alte Begriff der Dyskrasie und eine Zusammenfassung dieser Heilpflanzen als Antidyskratika macht Sinn. Leider aber gibt es praktisch keine Forschung, wie weit es unter diesen Pflanzen wirklich zu einer Veränderung im Bereich der Grundsubstanz kommt – zur Zeit also ein weißer Fleck in der Forschung, aber mit sehr viel Potential für die Zukunft.

Literatur

Appel K (1999) Kausal vorgehen gegen Rheuma. Zeitschrift für Phytotherapie 5/99, Hippokrates Verlag GmbH, Stuttgart.

Hiller K, Bader G (1996) Goldruten-Kraut. Die Gattung Solidago – eine pharmazeutische Bewertung, Portrait einer Heilpflanze. Zeitschrift für Phytotherapie 17: 123–130.

Länger R, Kubelka W (2001) Phytokodex, pflanzliche Arzneispezialitäten in Österreich, 2. Auflage, ÖÄK Verlag Wien.

Länger R, Schiller H (2004) Gesundheit aus der Naturapotheke. Springer Verlag Wien – New York.

Martinetz D (1992) Der indische Weihrauch – neue Aspekte eines alten Harzes. Zeitschrift für Phytotherapie 13: 121–125.

Melzig M F, Löser B, Bader G Papsdorf G (2000): Echtes Goldrutenkraut als entzündungshemmende Droge. Zeitschrift für Phytotherapie 21: 67–70.

Schilcher H, Heil B M (1994) Nierentoxizität von Wacholderzubereitungen. Eine kritische Literaturauswertung von 1844 bis 1993. Zeitschrift für Phytotherapie 15: 205–213.

Zirbel R, Fernando RC, Tuschen-Bürger E, Sahinbas H (2004) Afrikanischer Weihrauch – Boswellia carterii. EHK 53: 356–363.

Kapitel 14

Ausleitung in der Traditionellen Chinesischen Medizin

Fritz Friedl

Zusammenfassung
Die traditionelle chinesische Medizin (TCM) verfügt über ein eigenes Verständnis für Physiologie und Pathophysiologie, das die Grundlage der diagnostischen und therapeutischen Bemühungen darstellt. Zu diesem Verständnis gehört seit jeher die Kenntnis über die Bedeutung der Fließeigenschaften des Blutes. Überlegungen zur Qualität des Blutes und des dazu gehörenden Blutstoffwechsels stellen dabei eine Notwendigkeit dar und erlauben Parallelen zu anderen naturheilkundlichen Systemen.

Der Blutfluß kann sowohl in dynamischer als auch in stofflicher Hinsicht gestört sein. Die Auswirkungen gehen weit über „Durchblutungsstörungen" hinaus; Reinigungsstrategien spielen deshalb bei sehr vielen Krankheitsbildern eine wesentliche Rolle. An Beispielen wird die Bedeutung von Ausleitungstherapien für Krankheitsbilder der Haut, des Darms, der Leber, ebenso wie für Tumoren, Infarkte dargestellt.

Der moderne Begriff der „Mikrozirkulation" beinhaltet die für die westliche Wissenschaft relativ neue Erkenntnis, daß Durchblutungsvorgänge nicht nur vom Status der Blutgefäße abhängen, sondern auch von den Fließeigenschaften des Blutes. Diese Erkenntnis ist für die chinesische Medizin uralt und banal. Gedanken über die Blutqualität gehören zum Rüstzeug der chinesischen Medizin, – wie im übrigen auch vieler anderer naturheilkundlicher Systeme – da ein zu „zähes", von Schlacken und „trüben Elementen" belastetes Blut die Versorgungsfunktionen schlechter erfüllen kann als ein reines, leicht bewegliches.

Das qi bewegt das Blut

Nach der Vorstellung der TCM sind qi und xue (= Blut) die tragenden Begriffe für die Verteilung von Lebenskräften im Organismus (Tabelle 1). Der Begriff „Yang"

Qi	Xue
Dynamik	Stabilität
Schnelligkeit	Beständigkeit
Yang = Aktivität	Yin = Struktivität
Denken	Verstehen
Handeln	Fühlen
Steuern	Wachsen

Tab. 1: Qui und Xue

steht für alle aktiven Kräfte, die der Organismus in Interessen und Handlungsweisen umsetzen kann. Dem qi kommt dabei die Rolle der strategischen Steuerung zu. Das qi ist schnell und dynamisch und bestimmt das Denken, Handeln und Steuern. Der Begriff „Yin" bedarf einer Übertragung, die Porkert in dem Ausdruck „Struktivität" gewählt hat. Yin bedeutet die Fähigkeit, sich unter Wahrung der eigenen Beständigkeit und Stabilität verändern zu lassen; z.B. im Verstehen, im Fühlen oder im Wachsen. Diese nach innen gerichtete Form der Aktivität, die sich in der Struktur des Geistes, der Seele und des Körpers niederschlägt, wird durch das Blut („xue") materialisiert. Struktivität ist der Gegenspieler zur Aktivität; nur im Zusammenspiel der beiden Kräfte Yin und Yang gibt es Gesundheit, Stabilität und Wachstum.

Das Zusammenspiel von Yin und Yang läßt sich am Beispiel des Autofahrens verdeutlichen: Die mentale Präsenz des Autofahrers erlaubt es ihm, den Moment der Reaktionsänderung zu erfassen. Diese Yang-Fähigkeit führt zur qi-Aktivierung der Muskeln mit dem entsprechenden Bewegungseinfluß auf das Gaspedal. Die Übertragung auf den Motor entspricht dem „xue", die Belastbarkeit des Autos dem „Yin". Es steuert somit der gedankliche Impuls das tonnenschwere Automobil, also das immaterielle qi die materialisierte Struktur. Das Dynamische ist dem Materiellen überlegen, wie das Wasser dem Stein, sagt Laotse.

In diesem Sinne ist „xue" mehr als Blut, also nicht nur Warenlager für Zellen und Organe, sondern auch Konzept für das Wachstum und innere Ordnungsstruktur. „Durchblutung" ist damit auch mehr als Verteilung von Blutzellen, sondern vielmehr steckt in den Blutzellen quasi das intelligente Bemühen, den Organismus zu erhalten und zu substantifizieren. Hierzu verfügt das Blut über eigene Kräfte, die mit dem Begriff „Blutfluß" beschrieben werden, und die ihm diese eigene aktiv-struktive Rolle bescheinigen.

Auf diesem Boden fällt es leichter, Durchblutungsstörungen nicht einfach als Folge von Herz-Kreislauf-Erkrankungen zu begreifen. Auch bei intaktem Gefäßsystem kann es zu Viskositätsproblemen und zu Störungen im Blutfluß kommen. Dabei läßt sich das Thema „Blutflußstörung" in drei verschiedene Kapitel unterteilen, die in ganz unterschiedliche klinischen Bildern münden (Tabelle 2). Das Thema **„Bluthitze"** entspricht einer fehlgesteuerten Überaktivität der auf das Blut gerichteten qi-Bewegung. Diese wird typischerweise im Rahmen von Immunkonflikten erworben. Halsschmerzen stellen im Rahmen von Infekterkrankungen

Bluthitze	Stagnation	Trübes Blut
Hals	Muskel	Psyche
Thrombose	Hämatome	Müdigkeit
Lymphe	Zyklus	Stoffwechsel
Knochen	Unterleib	Leber
Destruktivität	Schmerz	„Vergiftung"

Tab. 2: Mikrozirkulation wird beeinflusst durch

ein kritisches Symptom dar. Dosiert der Organismus seine Immunkräfte falsch, so können destruktive Entzündungen daraus resultieren. Chronifizierte Entwicklungen führen zu Thrombosen, Belastungen des Lymphsystems, Knochenabbau etc. Somit sind Erkrankungen mit Schleimhautläsionen, Gewebsdestruktionen bis hin zu ossären Metastasen vom Mechanismus der „Bluthitze" geprägt.

Das Phänomen der **„Blutstagnation"** steht für die pathologische Beweglichkeit des Blutes. Es fehlt der kontinuierliche, bedarfsgerechte Fluß, der zu einer ausreichenden Blutversorgung im Gewebe erforderlich ist. Der Muskel als kurzfristig zu versorgendes Organ meldet die Blutstagnation als Schmerz oder Verletzungsanfälligkeit. Hämatomneigung und Zyklusstörungen sind weitere typische Zeichen für dieses Störungsmuster. Nach chinesischer Lehre sitzt die Steuerung für den qi-Fluß im Unterbauch, daher sind Unterbauchschmerzen pathognomonisch.

Das Thema **„Trübes Blut"** steht für Schlacken, die den Blutstoffwechsel belasten. Sie entstammen meist falschen Lebens- und Ernährungsgewohnheiten. Ihr Auftreten ist begleitet von klebriger Müdigkeit, aber auch von seelischer Schwere – „trübe Säfte machen trübe Gedanken", – von ängstlichem Grübeln, Entscheidungsunfähigkeit und nächtlichem Sorgen. Die Überlastung des Stoffwechsels führt zu einer „Vergiftung", die in mitteleuropäischen Naturheilkunde-Systemen den Gedanken der „Blutreinigung" hat aufkommen lassen.

Klinisches Beispiel ist das in meiner Klinik häufig vertretene Krankheitsbild des **„Postoperativen Syndroms"** (Tabelle 3). Während sich manche Menschen auch von ausgedehnten Operationen sehr rasch erholen, leiden andere unter gastrointestinalen Beschwerden wie z.B. anhaltender Verstopfung bis hin zur Darmlähmung, plötzlichem Stuhldrang oder schmerzhafter Entleerungsstörung neigen zu Magenschmerzen, Übelkeit oder Appetitstörungen. Sie leiden dann meist auch unter (Durch-)Schlafstörungen, unter Stimmungsschwankungen, unter Schmerzen und Schmerzempfindlichkeit. Bei dieser Patientengruppe häufen sich Komplikationen, es treten Wundheilungsstörungen und Sekundärinfektionen auf, ferner gehäuft Allergien und Unverträglichkeitsstörungen. Aus westlich-medizinischer Sicht handelt es sich um diffuse Symptome, deren Entstehung nur rudimentär zu erklären sind, und die einzeln und symptomatisch behandelt werden. Aus Sicht der chinesischen Medizin blicken wir auf ein echtes *Syndrom*, auf eine Ansammlung voneinander abhängiger Symptome, die zusammen auf eine Überlastung der Ausscheidungsfunktionen zurückzuführen sind. Die Wiederherstellung von

Durchschlafstörungen, nächtliche Panik
Darmstörungen (Verstopfung, plötzlicher Stuhldrang, Ileus)
Stimmungsschwankungen, Depression, Gereiztheit
Schmerzen, Schmerzempfindlichkeit
Mißempfindungen (Geschmacksverlust, Parästhesien)
Wundheilungsstörungen
Sekundärinfektionen
Allergien und Unverträglichkeitsreaktionen
Übelkeit, Appetitstörung

Tab. 3: Postoperatives Syndrom

Ausscheidungsfunktionen durch chinesische Phytotherapie verbessert das Gesamtbild: in dem Maße, in dem der Darm reguliert wird, verbessern sich Schlaf, Appetit und psychisches Allgemeinbefinden, die Schmerzen lassen nach und es ergibt sich eine signifikante Verbesserung von Wundheilung und allgemeiner Reaktionsfähigkeit. In unserer Klinik haben mittlerweile mehr als 1000 Menschen diese postoperative Nachbehandlung erfahren.

„Ausleitung" läßt sich in der chinesischen Medizin auf vier Aspekte aufteilen (Tabelle 4). Zunächst steht die Entfernung von Altlasten im Vordergrund. Der Organismus versteht es, Schlacken an den verschiedensten Stellen des Organismus zu verstecken oder in Depots zu vergraben. Solche Depots (wie z.B. Übergewicht, Konkremente, Tumore) müssen beim Verfahren der „Blutreinigung" zugänglich gemacht werden. Das Verfügbarmachen von Altlasten wird dann fortgeführt durch die Aktivierung von Ausscheidungs- und Ventilfunktionen. Neben den Hauptausscheidern, dem Stuhl und dem Urin, sind verschiedene Ventile denkbar, z.B. Schleimhäute (Bronchien, Nase, Scheide), die zur Ausscheidung angeregt werden können, oder auch die äußere Haut. Ausgeschieden werden kann jedoch nur, was vom Körper als Ballast angesehen wird. Je verschlackter der Organismus, umso mehr kommt das gemeinsame Ver- und Entsorgungssystem des Blutes in Schwierigkeiten. Die Klärung der Filteranlage, eine dezentrale Aufgabe, die nach Auffassung der chinesischen Medizin im xue stattfindet, ist deshalb Voraussetzung für die Wiederherstellung einer Stoffwechselsteuerung. Daran anschließend müssen diejenigen Schutzfunktionen wieder gewonnen werden, die das System in

„Blutreinigung" – Altlasten entfernen
Ausscheidungs- und Ventilfunktionen
Reinigung der Filteranlage
Aufbau von Schutzfunktionen

Tab. 4: Ausleitung

Klarheit halten können, wie z.B. das Ersetzen von Heißhunger auf Süßes durch eine intakte Appetitsteuerung oder das Empfinden für Schutz vor Überlastungen jeglicher Art.

Wegen des umfassenden Charakters von Blutstoffwechselstörungen sind eine Reihe von Maßnahmen zur Therapie möglich (Tabelle 5). Im Mittelpunkt der langfristigen Steuerung steht die Diätetik. Zur akuten Reinigung stehen blutige Akupunktur und Schröpfmassage zur Verfügung. Die umfangreichsten Möglichkeiten bietet die Phytotherapie, die sowohl direkte Stoffwechselentlastung, aber auch immunologische Reaktivierungen (z.B. Schleimlösung über Ventile) erlaubt. Langfristig geht es wiederum um die „Mitte", um die Selbststeuerung des Stoffwechsels, der durch geeignete Pflanzen aufgebaut werden kann.

Die Palette der Erkrankungen, die mit Blutstoffwechselstörungen in Verbindung gebracht werden kann, ist viel größer, als der westlich ausgebildete Medi-

Diätetik (cave: Funktion der Mitte)
Schröpfmassage
Blutige Akupunktur
Phytotherapie
Diätetik (cave: Funktion der Mitte) – Immunologische Reaktivierungen – Stoffwechselentlastung – Mitte

Tab. 5: Ausleitungsmethoden der TCM

Haut – Ekzem – Herpes Zoster	Schmerz – Rheuma – Fibromyalgie – Migräne – Polyneuropathie
Schilddrüse – Hyperthyreose	Allergie – MCS-Syndrom
Stoffwechsel – Übergewicht – Diabetes – Hypertonus – Blutfette (ohne Cholesterin) – Harnsäure	Sucht
	Tumorerkrankungen

Tab. 6: Krankheitsbilder

ziner dies für möglich hält. Tabelle 6 zeigt einen Ausschnitt, der beileibe noch keinen Anspruch auf Vollständigkeit erhebt. Sowohl bei Hauterkrankungen, bei Allergien, in der Schmerzbehandlung, bei Stoffwechselstörungen, wie auch in der Suchtbehandlung stellen Ausleitungstherapien wichtige Bausteine in der (stofflichen) Bewältigung der Erkrankung dar. Die Auswirkungen sind für den Patienten unmittelbar nachvollziehbar, da in dem Maße, in dem der Organismus entlastet wird, die entsprechenden Krankheiten entschärft und bereinigt werden.

Auch oder gerade die moderne Medizin, die ihre Fortschritte auf der Entwicklung eines Reparatursystems gebaut hat, profitiert von der komplementären Medizin. Sie kann bei komplexen Fragestellungen den Organismus entlasten und Heilungskräfte entfalten. Reinigungstherapien spielen dabei auch im 21. Jahrhundert eine entscheidende Rolle.

Kapitel 15

Ausleitung in der Ayurvedischen Medizin

Grundlagen der Verdauungsprozesse aus der Sicht der Maharishi Vedischen Medizin

Lothar Krenner

Zusammenfassung

Maharishi Vedische Medizin wird als die „Mutter der Heilkunde" bezeichnet; ihr im Westen bekanntester Teilaspekt ist Ayurveda. Die Renaissance der Ayurveda Medizin begann vor ca. 30 Jahren. Verschiedene Schulen und Richtungen haben sich auch im Westen etabliert; man unterscheidet „Wellness-Ayurveda", Ayurveda der sich in ayurvedischen Ärztefamilien tradiert hat, universitärer Ayurveda und Maharishi Vedische Medizin. Sie verbindet das streng traditionelle Wissen (– das von Vedischen Sehern – Rishis – geschaut wird) mit wissenschaftlichen Konzepten und westlichem medizinischem Standard. Maharishi Vedische Medizin ist **Ganzheitsmedizin im eigentlichen Sinn**, die sich auf 4 Hauptsäulen stützt: a) Maharishi Yoga (Transzendentale Meditation), b) Vedische Astrologie (Maharishi Jyotish), c) Vedische Architektur (Maharishi Sthapatya-Veda) und d) Maharishi Ayurveda. Ayurvedische Medizin definiert jeden Lebensprozess durch **drei Grundprinzipien (3 Doshas)**: Bewegung – Vata, Transformation – Pitta und Stabilität – Kapha. Aus der individuellen Zusammensetzung der 3 Doshas leitet sich die **ayurvedische Konstitutionslehre** ab, die die Basis einer individuell abgestimmten Therapie bildet. Störungen und Ungleichgewichte von Vata, Pitta und/oder Kapha manifestieren sich auch im Verdauungssystem. Wenn während der Transformationsschritte auf der grundlegenden, abstrakten, unmanifesten Ebene die ganzheitliche Intelligenz des Organismus (Veda) nicht voll wach ist (nicht vollständig zur Verfügung steht), werden diese Prozesse auf den manifesten Ebenen des Geistes und des Körpers nur unvollständig ablaufen – es wird „Unverdautes" (Ama) geistig und körperlich entstehen (unverdaute Gefühle, unverdaute Gedanken, unverdaute Sinneseindrücke, unverdaute Nahrung).

Schlackenbildung (Ama) wird im Maharishi Ayurveda als ein Nebenprodukt eines nicht im Gleichgewicht befindlichen Verdauungssystems definiert. Alle **Reinigungsprozesse** der Maharishi Ayurveda Medizin haben daher folgende Ziele: Belebung der inneren Intelligenz des Organismus – des Veda, Wiederherstellung des individuellen Gleichgewichts der 3 Doshas (Vikriti/ Dehaprakriti/Prakriti), Stärkung der Verdauungskraft Agni, Ausleitung der Schlackenstoffe (Ama). Folgende **Therapiekonzepte** stehen dafür in der Maharishi Vedischen Medizin zur Verfügung: Transzendentale Meditation/Yoga, individuell angepasste Ernährungsempfehlungen – ayurvedische Diät (Ahara), tages- und jahreszeitlich angepasste Maßnahmen der Gesundheitsroutine (Dinacharya und Ritucharya), Vedische Urklangtherapie, Vedische Vibrationstechnik, Musiktherapie (Maharishi Gandharva-Veda), Aromatherapie, Farbtherapie, Ayurvedische Nahrungsergänzungen auf pflanzlicher und mineralischer Basis (traditionell zubereitete spezielle Kräutermischungen) und traditionelle ayurvedische Reinigungskurbehandlungen (Maharishi Panchakarma). Der **Zustand von Gesundheit** ist im Maharishi Ayurveda die Wiederherstellung und Erhaltung des inneren Gleichgewichts (Prakritisthapan) und der inneren Wachheit des Organismus; im Yoga wird dieser Zustand als Erleuchtung bezeichnet. Das Ziel jeder ayurvedischen medizinischen Tätigkeit ist daher die Entwicklung von Erleuchtung für den einzelnen Menschen und Gesundheit und Frieden für die gesamte Gesellschaft.

„Ein Mensch ist gesund, dessen Grundfunktionen (Doshas), Stoffwechsel (Agni), Gewebe (Dhatus) und Ausscheidungen (Malas) im Gleichgewicht sind und dessen Seele (Atma), Sinne und Geist sich dauerhaft im Zustand inneren Glücks befinden". (Sushrut Samhita, Sutrasthan 15.41)

Einführung in das Weltbild der Maharishi Vedischen Medizin

Die Vedische Medizin zählt zu den ältesten Gesundheitssystemen und hat ihren Ursprung in Indien – dem Land des Veda. „Veda" heißt Wissen, bzw. Intelligenz. Man versteht darunter die ganzheitliche Intelligenz der Natur – die Gesamtheit aller Naturgesetze, die das manifeste Universum von einem unmanifesten Einheitlichen Feld aus verwalten (Hagelin J.S., Is consciousness the unified field? A field theorists perspective; Modern Science and Vedic Science, 1, 29–87, 1987). Wesentliche Teile dieses auch als „Mutter der Heilkunde" bezeichneten Gesundheitssystems gingen im Laufe der Jahrtausende verloren. Der Vedische Gelehrte Maharishi Mahesh Yogi hat in Zusammenarbeit mit führenden indischen Ayurveda-Ärzten, westlichen Medizinern und Naturwissenschaftlern dieses Gesundheitssystem in der klassischen und gleichzeitig modernen, ganzheitlichen Form der Maharishi Vedischen Medizin wieder belebt. Der im Westen bekannteste Aspekt nennt sich Ayurveda.

Der Schlüsselbegriff für das Verständnis der Vedischen Medizin und des Ayurveda ist „Veda": „Veda" sind die grundlegenden Intelligenzstrukturen der unmanifesten, absoluten Ebene des Lebens. „Veda" ist die innere Intelligenz – die Schaltzentrale – der Natur, die alle Vorgänge des Organismus und des gesamten Universums steuert. Diese Urklänge des Lebens sind von Vedischen Sehern (Rishis und Maharishis) im eigenen stillen Bewusstsein geschaut und als Veda und Vedische Literatur in hörbare Klänge (Mantren) und Sprache ausgedrückt worden. Das Ziel der Maharishi Vedischen Medizin ist daher die Belebung der inneren Intelligenz der Physiologie – des Veda und damit verbunden die Optimierung der Kommunikation zwischen dem Veda – dem „Bauplan" – und deren materiellem Ausdruck – der Physiologie, dem „Bauwerk". Ayurveda Medizin gründet auf „Veda" von „Ayu" – auf dem „Wissen" vom „Leben". Ein grundlegendes Missverständnis wäre daher Ayurveda Medizin anzuwenden und dabei ihre Grundlage – den „Veda-Aspekt", den Wissens- und Bewusstseinsaspekt – nicht in den Mittelpunkt zu stellen. Die Belebung des Veda in der Physiologie – der inneren Intelligenz des Organismus – wird durch die einzelnen Vedischen Therapieansätze auf unterschiedliche Art und Weise erreicht:

1. **Die direkte Erfahrung der transzendenten „Veda-Ebene" des Bewusstseins** (Grundzustand des Bewusstseins, Transzendentales Bewusstsein, Atma – das Selbst) durch die Anwendung der Technik der Transzendentalen Meditation (TM-Technik) und durch Yoga-Fortgeschrittenentechniken.

2. **Die Belebung der „Veda-Ebene" des Bewusstseins**

   2.1 durch Vedische Urklangtherapie, Vedische Vibrationstechnik, ayurvedische Pulsdiagnose, ayurvedische Heilkräuter (spezielle Zu- und Aufbereitungsprozesse), Vedische Astrologie (Maharishi Jyotish), Vedische Architektur (Maharishi Sthapatya-Veda), etc.

   2.2 durch ausgleichende und harmonisierende ayurvedische Therapieansätze, wie z.B. Musiktherapie (Maharishi Gandharva-Veda), Aromatherapie, ayurvedische Ernährungslehre, tages- und jahreszeitliche Gesundheitsroutine, Kräuterölmassagen, etc.

   2.3 durch reinigende und entschlackende Maßnahmen, wie z.B. Kräuterdampfbäder, spez. Massagen, abführende Maßnahmen (Kräutereinnahme, Kräuteröleinläufe, Kräuterölanwendungen im HNO-Bereich), die Verdauungskraft stärkende Maßnahmen (Kräutereinnahme, spez. Ernährungsempfehlungen), etc.

Diese Vedischen Therapieansätze werden sehr individuell auf die Grundkonstitution und den gegenwärtigen Zustand des Organismus abgestimmt. Dabei spielt die ärztliche ayurvedische Anamnese, die schulmedizinische und ayurvedische Befunderhebung und Diagnosestellung eine zentrale Bedeutung.

Maharishi Ayurveda, bzw. Maharishi Vedische Medizin beinhalten die Ganzheitlichkeit der traditionellen, klassischen, zeitlos gültigen Konzepte der Vedischen Gesundheitslehre und drücken sie in unserer modernen, naturwissenschaftlichen Sprache aus – Maharishi Ayurveda, bzw. Maharishi Vedische Medizin integrieren wissenschaftliche Forschung und westliche medizinische Qualität mit dem jahrtausendealten Wissen der Vedischen Rishis.

Maharishi Ayurveda ist nicht „indische Volksmedizin"; es handelt sich um allgemeingültige physiologische Prinzipien und das systematische Wissen über die unserer Physiologie innewohnende Intelligenz – den Veda. Maharishi Vedische Medizin besteht aus 40 Disziplinen. Die 4 Hauptsäulen sind:

a) **Maharishi Ayurveda:**
Ayurvedische Ernährungslehre (Ahara), tages- und jahreszeitliche Gesundheitsroutine (Dinacharya/Ritucharya), ayurvedische Pflanzenheilkunde (Dravya Guna), ayurvedische Entschlackungskuren und Ausgleichstherapi-

en (Maharishi Panchakarma), Pulsdiagnose und Pulstherapie (Nadi Vigyan), Musiktherapie (Maharishi Gandharva-Veda), Aromatherapie, Farbtherapie, Vedische Urklangtherapie, Vedische Vibrationstechnik

b) **Maharishi Yoga/Transzendentale Meditation** (direkte Erfahrung der transzendenten Ebene der Einheit (Yoga) im eigenen Bewusstsein (Transzendentales Bewusstsein, Atma – Selbst)

c) **Vedische Astrologie/Maharishi Jyotish** (Beziehung zwischen dem menschlichen Nervensystem und dem Kosmos – Vedische Mathematik)

d) **Vedische Architektur/Maharishi Sthapatya-Veda** (Leben und wohnen im Einklang mit der Natur – die Wissenschaft der Orientierung).

Verdauungsprozesse und Schlackenbildung

Lebensvorgänge werden in der Ayurveda Medizin definiert als das Zusammenspiel dreier Grundprozesse (**3 Doshas**):

1. **Bewegung – Vata** (Muskelbewegung, Stofftransport, Informationsweiterleitung und Informationsverarbeitung im Nervensystem, das Fliessen von Gedanken)
2. **Transformation – Pitta** (Umwandlung, Verdauung mit der dabei entstehenden Wärme und Energie) und
3. **Stabilität – Kapha** (Formgebung, Zusammenhalt, Schleimbildung).

Aus der individuellen Kombination der drei Doshas leitet die Ayurveda Medizin ihre **Konstitutionslehre** ab: 1) **Prakriti** – Geburtskonstitution (die bei der Geburt vorhandene individuelle Mischung von Vata, Pitta und Kapha in der Physiologie), 2) **Vikriti** (derzeitiges Ungleichgewicht), 3) **Dehaprakriti** (dauerhaftes Ungleichgewicht, das als Konstitution erscheint) und 4) Wiederherstellung der Geburtskonstitution (**Prakritisthapan**).

Agni – Verdauungskraft, Verdauungsfeuer

Ama – Schlackenstoffe, „Unreifes", Endo- und Exotoxine

Malas – Ausscheidungsprodukte (Stuhl, Harn und Schweiß)

Dhatus – die 7 Gewebearten (entstehen aus der Nahrung durch die Verdauungsprozesse): Rasa – Blutplasma/Lymphe/interstitielle Flüssigkeit, Rakta – Blut (feste Bestandteile, speziell Erythrocyten), Mamsa – Muskelgewebe, Medo – Fettgewebe, Asthi – Knochengewebe, Majja – Knochenmark/Nervengewebe (vom Knochen eingeschlossenes Gewebe), Shukra – Fortpflanzungsgewebe (Samen-/Eizellen)

Ojas – Aktivierungsgrad des Veda im Organismus, am Phasenübergang zwischen Bewusstsein und Materie, innere Wachheit.

Transformation (Verdauung) ist einer der grundlegenden Vorgänge des Lebens

Die Transformation von einem Zustand in den nächsten läuft immer nach denselben grundlegenden Gesetzmäßigkeiten ab: auf körperlicher, geistiger, emotionaler und transzendenter Ebene.

„Mantra Brahmanayor-Veda namadheyam" – „Mantra (die manifesten Urklänge) und Brahmana (die unmanifesten Lücken) zusammen bilden den Veda" (Apasthamba Shrautasutra, 24.1.31). Der Veda (die 4 Veden – Rig, Sama, Yajur und Atharv – und die 36 Aspekte der Vedischen Literatur) macht in seinem eigenen Kommentar die innere Dynamik der Lücken sichtbar (Maharishis Schau des Apaurushea Bashya – Selbstkommentar des Veda; Human Physiology, Expression of Veda and the Vedic Literature; T. Nader, M.D., Ph.D.). Jeder unmanifeste Zwischenraum besitzt 4 Transformationswerte: 1) **Pradhvamsaabhava** (die Mechanismen, durch die ein Laut oder eine Silbe A in den Zwischenraum hineinkollabiert). 2) **Atyantabhava** (der stille Punktwert, non A/non B, enthält alle Möglichkeiten in potentieller Form). 3) **Anyonyabhava** (strukturierende Dynamik des stillen Punktwertes – Gesamtheit des Veda) und 4) **Pragabhava** (die Mechanismen, durch die ein Laut B aus dem Zwischenraum hervortritt).

Verdauungsstörung im Maharishi Ayurveda bedeutet: Wenn die Gesamtheit des Veda – die innere Wachheit, das gesamte Potential der Intelligenz der Natur – in der Transformationslücke nicht vollständig zur Verfügung steht, wenn das Ojas-Niveau vermindert ist, wird jede Art von Transformation unvollständig sein. Diese fehlende innere ruhevolle Wachheit ist die eigentliche Ursache für die Entstehung von „Verdauungsproblemen" und die Bildung von „Schlackenstoffen" (Ama). Ama kann auf körperlicher, geistiger und seelischer Ebene entstehen, und zwar durch unverdaute Nahrung, Sinneseindrücke, Gefühle – Emotionen und/oder seelische Prozesse.

Entschlackende Maßnahmen

Entschlackung ist im Maharishi Ayurveda ein Prozess der zwei Aspekte enthält:
1. **Ama-Abbau** (Abbau und Ausleitung bestehender Schlackenstoffe) und
2. **Ama-Prävention** (Vorbeugung neuer Schlackenbildung).
   Er besteht in der Reduktion von Ama und der Stärkung von Agni. Entschlackung ist daher primär ein Bewusstwerdungsprozess und bedeutet die Nutzbarmachung des gesamten Intelligenzpotentials des Organismus, die Belebung des Veda, die Entwicklung eines Zustandes innerer ruhevoller Wachheit.
   Prinzipiell sollte **Diät** laut Maharishi Ayurveda angepasst sein an die individuelle Konstitution, an die Stärke von Agni und an das Ausmaß der Ama-Belastung. Aus den bisherigen Erläuterungen lässt sich ableiten, dass die Zufuhr von Nahrungsmitteln auf körperlicher, geistiger und seelischer Ebene vor sich geht. Daher kann z.B. auch eine Sinneswahrnehmung oder eine Emotion das Verdauungssystem überlasten und zur Schlackenbildung führen.

Die **Ursachen für die Entstehung von Schlackenstoffen** können neben der bereits beschriebenen
1. **fehlenden inneren Wachheit des Organismus,**
2. eine **inadäquate Nahrung** sein und zwar betreffend:
   2.1 die Situation (nicht angepasst an Tageszeit, Jahreszeit/Klima),
   2.2 die Konstitution (nicht angepasst an Lebenssituation, bzw. an momentane Ungleichgewichte – Vikriti, bzw. an Geburtskonstitution – Prakriti),

2.3   die Qualität (enthält bereits Ama: Herbizide/Pestizide, verdorbene Nahrung, aufgewärmte Speisen, Dosennahrung, Mikrowelle, etc. – vedisch-biologi-
sche Nahrung ist empfohlen) und
   2.4 Nahrung die nicht angepasst ist an den Zustand von Agni (zu schwer
     verdaulich) und
3. eine gestörte Verdauungskraft („Verdauungsfeuer"). Agni wird durch das Do-
sha-Ungleichgewicht folgendermaßen beeinflusst:
   3.1 Vata Störung (Vishama Agni) – unregelmäßiges Verdauungsfeuer,
   3.2 Pitta Störung (Tikshna Agni) – scharfes Verdauungsfeuer,
   3.3 Kapha Störung (Agnimandya) – schwaches Verdauungsfeuer.
   3.4 Wenn Agni im Gleichgewicht ist spricht man von Sama Agni.

Beispielhaft werden einige Faktoren herausgegriffen, die Agni aus dem Gleichgewicht bringen: Fasten (nur bei spezieller Konstitution und bei speziellen gesundheitlichen Problemen empfohlen), Überessen, unregelmäßiges Essen und
Essen bevor die vorangegangene Mahlzeit verdaut wurde (Essen ohne Hungergefühl). Die Esskultur spielt im Maharishi Ayurveda eine wichtige Rolle: im Sitzen
essen, in Ruhe essen, die Aufmerksamkeit auf das Essen richten (keine Zeitung,
kein Radio, kein TV und keine unangenehmen oder „heißen" Diskussionen),
nach dem Essen 5 – 10 Minuten Ruhe, aber kein Schlaf. Nach einem richtig abgestimmten und ausgewogenen ayurvedischem Essen sollte ein Gefühl von Ruhe,
innerer Wachheit, Energie und Glück vorhanden sein.
   Entschlackende Maßnahmen reduzieren Ama und stärken Agni u.a. durch:
1) **Diät**: angepasst an die individuelle Konstitution, die Stärke von Agni und
das Ausmaß der Ama-Belastung, 2) **Gewürze**: z.B. Ingwer (Shunthi), Kreuzküm-
mel (Ayaji), Fenchel (Madhurika), Koriander (Dhanyaka), Basilikum (Tulsi),
Schwarzer Pfeffer (Maricha), Langer Pfeffer (Pippali), Kardamom (Ela), Bocks-
hornkleesamen (Methi), Wilder Sellerie (Ajuwan), Asafoetida (Hingu), 3) **Heil-
kräutermischungen**, 4) **Entschlackungskuren**: Maharishi Panchakarma, 5)
Vedische Urklangtherapie, 6) **Vedische Vibrationstechnik** und als wichtigsten
Punkt 7) **Maharishi Yoga**: Transzendentale Meditation.
   Praktische Hinweise dazu finden sich u.a. auf der Homepage der Österreichischen Gesellschaft für Ayurvedische Medizin (www.ayurveda.at/aktuell/Gesund-
heitstipps/allg%20tipps.htm).

Abschließende Bemerkungen

Die Österreichische Gesellschaft für Ayurvedische Medizin ist eine Ärztegesell-
schaft, die 1986 gegründet wurde, um dieses jahrtausendealte Gesundheitssystem
auf einer ganzheitlichen und wissenschaftlich fundierten Grundlage zu lehren.
Dabei hat sich der Begriff „Maharishi Ayurveda", bzw. „Maharishi Vedische Medizin" als Markenname etabliert.
   Maharishi Vedische Medizin hat ihren Arbeitsschwerpunkt in den Bereichen
Prävention, Befindlichkeitsstörungen, Psychosomatik, Stressfolgekrankheiten und
chronische Erkrankungen. Sie bietet als Komplementärmedizin eine Erweiterung
des schulmedizinischen Therapiespektrums an und damit eine Verbesserung der

medizinischen Versorgung der Bevölkerung. Maharishi Vedische Medizin lässt sich einfach in jedes bestehende Gesundheitssystem integrieren.

Unsere Zeit erfordert neue, ganzheitliche und innovative Lösungsansätze – auch und besonders im Gesundheitswesen; dies erfordert die Zusammenarbeit aller beteiligten Experten und scheint der einzig sinnvolle Weg zu sein, die hohe Qualität unseres Gesundheitssystems auf Dauer zu sichern und **dem Ziel der Vedischen Medizin näher zu kommen: eine krankheitsfreie Gesellschaft zu schaffen.**

Wissenschaftliche Studien – kurze Zusammenfassung

a) Free radical scaving

- Indigenous Free Radical Scavenger MAK 4 and MAK 5 (Herbal Mixture) in Angina Pectoris; Journal of the Association of Physicians of India, Vol 42, 6, 466–467, 1994
- Effect of Herbal Mixture MA 724 on Lipoxygenase Activity and Lipid Peroxidation; Free Radical Biology and Medicine, Vol 18, 4, 687–697, 1995
- Inhibitory Effects of MAK 4 and MAK 5 (Herbal Mixture) on Microsomal Lipid Peroxidation; Pharmacy, Biochemestry and Behavior, Vol 39, 3, 649–652, 1991
- Protective Effects of MAK 4 and MAK 5 (Herbal Mixture) on Adriamycin Induced Microsomal Lipid Peroxidation and Mortality; Biochemical Archives, Vol 8, 267–272, 1992
- Effect of Herbal Mixtures MAK 4 and MAK 5 on Susceptibility of Human LDL to Oxidation; Complimentary Medicine International, Vol 3, Nr. 3, 28–36, 1996
- Effect of oral Herbal Mixtures MAK 4 and MAK 5 on Lipoproteins and LDL Oxidation in Hyperlipidemic Patients; Journal of Investigative Medicine, Vol 43, 483A, 1995
- Inhibition of Human LDL Oxidation in vitro by Herbal Mixtures MAK 4, MAK 5 and MA 631; Pharmacology, Biochemestry and Behavior, Vol 43, 1175–1182, 1992

b) Abbau von atherosklerotischen Plaques

- Verminderung des Risikos für Myocardinfarkt und cerebralem Insult; Stroke (AHA) 31 (2000):568–573

A randomly assigned trial on hypertensive African Americans found that the Transcendental Meditation program (TM) significantly reduced blood vessel blockage (carotid intima-media thick-ness – IMT), compared to a health education program. The findings suggested that the TM program may reduce risk of heart attack by about 11% and risk of stroke by 7,7–15%.

- Increased Exercise Tolerance in Angina Patients (TM); American Journal of Cardiology 85 (2000): 653–655.

c) Neuere Studien über die Wirkung der Technik der Transzendentalen Meditation bei Hypertonie-Patienten:

- American Journal of Hyper-tension, 2005; 18: 88–98

- American Journal of Cardio-logy, Volume 95, Issue 9, 1 May 2005, Pages 1060–1064

Weitere Informationen über wissenschaftliche Arbeiten erhalten Sie im Sekretariat der Österreichischen Gesellschaft für Ayurvedische Medizin (Maharishi Institut für Vedische Medizin).

Literatur
Fachliteratur

Caraka Samhita, translated in English Sharma/Bhagwan Dash, Chowkhamba Sanskrit Stud., Varanasi, India

Sushruta Samhita, translated in English K.L. Bhishagratna, Chowkhamba Sanskrit Stud., Varanasi, India

Human Physiology – Expression of Veda and the Vedic Literature, Tony Nader, M.D, Ph.D, Maharishi Vedic University Press, Holland, 4. Auflage, 2000, ISBN 81-7523-017-7

Die Wissenschaft vom Sein und die Kunst des Lebens, Maharishi Mahesh Yogi; Neuauflage 1998, Kamphausen Verlag, ISBN 3-933496-40-3.

Contemporary Ayurveda, Medicine and Research in Maharishi Ayurveda, Prof. Dr. Hari Sharma/Dr. Christopher Clark, Verlag Churchill Livingstone, ISBN 0-443-05594-7

Handbuch Ayurveda, Schrott/Schachinger/Raju, Haug Verlag, 2005, ISBN 3-8304-2106-0

Andere

Aufbruch zur Stille, Maharishi Ayurveda – eine leise Medizin für eine laute Zeit; Dr. med. Ulrich Bauhofer, Lübbe Verlag, ISBN 3-7857-0873-4.

Ayurveda für jeden Tag; Dr. med. E. Schrott, Mosaik Verlag, TB, ISBN 3-442-16131-2.

Ayurveda – Kursbuch für Mutter und Kind; Dr. Karin Pirc, Lübbe Verlag, ISBN 3-7857-0801-7.

Den Alterungsprozess umkehren – Das Lebenselixier des Maharishi Ayurveda; Dr. Karin Pirc, J. Kamphausen Verlag, ISBN 3-933496-56-X.

Die heilenden Klänge des Ayurveda; Dr. med. E. Schrott, Haug Verlag, ISBN 3-8304-2055-2

Kochen nach Ayurveda; Dr. Karin Pirc, ISBN 3-8094-1420-4.

Die köstliche Küche des Ayurveda; Dr. med. E. Schrott, Heyne TB, ISBN 3-442-16639-X.

Glück und Erfolg sind kein Zufall: Die Erfolgs- und Management-Geheimnisse des Veda; Alois M. Maier, ISBN 3-933496-62-4.

Internetlinks

Deutsche Gesellschaft für Ayurveda: www.ayurveda.de

Österreichische Gesellschaft für Ayurvedische Medizin, Maharishi Institut für Vedische Medizin: www.ayurveda.at

Research Summary: www.mum.edu/physiology/research.html, www.mapi.com/en/research/index.html

Kapitel 16

Ausleitungsverfahren in der Homöopathie

Sieghard Wilhelmer

Zusammenfassung

Zwei in der Homöopathie übliche Ausleitungsverfahren und eine eigene Methodik werden vorgestellt.
1. Ausleitung nach Nebel: je nach belastetem Organ und nach individuellen Symptomen des Patienten wird eine Arznei in niedriger Potenz über kurze Zeit gegeben.
2. Ausleitung nach Hahnemann: Entsprechend den 3 „Miasmen" wird eine Arznei zur „Ausleitung" verabreicht
3. Eigene Methodik: Gabe von Nosoden in wechselnder Potenzhöhe je nach auslösender Krankheit.

In der Homöopathie gibt es seit Hahnemann ausleitende Therapien.

Ausleitung nach Nebel

Der Schweizer Homöopath (2) gibt je nach belastetem Organ und individuell je nach der Ähnlichkeitsregel homöopathische Arzneien in niedriger Potenz über einen Zeitraum von etwa einem Monat 3 mal täglich. Die Arznei hat zum Organ einen phytotherapeutischen Bezug, es werden pflanzliche Arzneien gegeben. Es müssen immer die Lokalsymptome und die für den Patienten individuellen Symptome entsprechend dem homöopathischen Ähnlichkeitsgesetz berücksichtigt werden.

Beispiele
1.1. Leber
1.1.1. Taraxacum officinale D 4
   Lokalsymptom: Leber vergrößert, verhärtet, Verschlussikterus Landkartenzunge
   Allgemeinsymptome: bitterer Geschmack, Bewegung im Freien bessert, depressiv, Schwäche.

1.1.2. Silybum marianum D 4

Lokalsymptom: druckschmerzhafte, geschwollene Leber, Leberschmerz bei Linkslage, Ascites, Stechen in der Milzgegend vor allem beim Einatmen und Bükken

Allgemeinsymptome: lehmfarbene Stühle, Blutungen (Noduli) verbessern den Allgemeinzustand, Biertrinkerzirrhose, hypochondrisch, apathisch

1.1.3. Lycopodium clavatum D 4

Lokalsymptom: Hepatitis, schmerzhafte Hämorrhoiden, besser durch heißes Baden,

Allgemeinsymptom: Obstipation auf Reisen, Knollenstühle, übergenauer, eitler, hypochondrischer Choleriker, blass, Potenzprobleme, vorzeitig gealtert aussehend.

1.2. Niere

1.2.1. Solidago virgaurea D 4

Lokalsymptome: Urin dunkel und spärlich, stinkend, mit Eiweiß Schleim und Phosphaten, druckschmerzhafte Nierengegend, Nierenschmerz erstreckt sich gegen die Blase.

Allgemeinsymptom: Schwäche, Frösteln im Wechsel mit Hitze, nachts bitterer Mundgeschmack, reichlich unwillkürliche Schleimstühle, Lumbago, fühlt sich krank und übel, Beine mit Petechien und Ödemen.

1.2.2. Helleborus niger D 4

Lokalsymptome: Anurie, Kaffeesatzsediment im Urin, Nephritis, Gestose

Allgemeinsymptome: Schwäche bis zur Lähmung, langsam progredient, Ödeme, „stumpfe Sinne", betäubende Kopfschmerzen, bleiches, gedunsenes Gesicht, Aszites, Kollapsneigung

1.2.3. Berberis vulgaris

Lokalsymptome: Urin dick, gelb, trüb, Ziegelmehlsediment, kann nicht komplett ausurinieren, Urethra brennend nach und vor dem Urinieren, Nierenkolik

Allgemeinsymptome: Bewegung und Erschütterung verschlimmern, Stehen ermüdet, übergewichtiger Schwächling, Venenleiden, auch Gallenkoliken,

Schmerzen ausstrahlend von einem Punkt, wechseln den Ort.

Ausleitung auch für Herz, Lunge, Genitale. Die Beispiele dienen nur zum besseren Verständnis der Methodik. Die Unterscheidung in Lokal- und Allgemeinsymptome entspricht nicht präzise den Begriffen in der Homöopathie. Zur Anwendung der Nebel'schen Therapie ist die Kenntnis der Klassischen Homöopathie nötig.

Miasmen nach Hahnemann

Im ersten Band seines Werks „Die chronischen Krankheiten" (1) wird der „Ansteckungszunder" und die entsprechende Symptomatik genau beschrieben. (Allein der Präzision der Beschreibung wegen ist Hahnemann für jeden Arzt lesenswert) Hahnemann unterscheidet 3 „Miasmen", wobei er nicht nur den Primäraffekt sondern vor allem die daraus entstehende chronische Erkrankung/Belastung beschreibt.

Angesichts der chronischen Virusinfekte, der Folgen von Borreliose und FSME usw ist sein Gedankengang durchaus zeitgemäß.

2.1. Syphilis: „Destruktion" Alle „geschwürigen" Leiden von der Stomatis aphthosa bis zur Colitis ulcerosa und zum Carcinom Hauptarznei nach Hanemann mercurius, aber auch nitricum acidum, kreosot, acidum silicicum und viele andere

2.2. Gonorrhoe: „Sykose". Alle „Steinleiden" und alle Leiden, die mit Hypertrophie einhergehen, von der Warze bis zur Hypertonie, Diabetes, Gicht, Nierensteine...Hauptarznei ist Thuja occidentalis, aber auch die Nosode Medorrhinum

2.3. Psora: Für Hahnemann das häufigste Miasma, alle Ekzeme, chronischen Viruserkrankungen, Herpes, Neurodermitis, sicher nicht nur Skabies, weil Hahnemann von „Krätze" spricht. Psora wird in verschiedenen homöopathischer Schulen sehr unterschiedlich interpretiert und diskutiert. Hauptarznei ist Sulfur

Eigenes Vorgehen

3.1. Eigene Erfahrungen

Bei Patient/innen mit erhöhtem ASLO habe ich mit Streptococcen C 200 5 Globuli einmal wöchentlich über mehrere Monate gute Erfolge gehabt. Nicht nur der ASLO war auf Normalwerte gesunken, auch Krankheiten wurden ausgeheilt, die sonst unbehandelbar erschienen. Viele Patient/innen leiden trotz korrekter Borreliosebehandlung lange Zeit danach an Symptomen. Borrelia – Nosode C 200 bei Bedarf brachte Linderung der Beschwerden bis zur Beschwerdefreiheit

3.2. Ausleitung nach Dr. Wilhelmer

Wenn eine Erkrankung nach einem Infekt oder nach einer Impfung begonnen hat, werden von der entsprechenden Nosode (Apotheke zum Weissen Engel, Retz) einmal wöchentlich 5 Globuli gegeben. Dabei wechselt die Potenz . Es wird eingenommen: C 30 – C 60 – C 200 – C60 – C 30 – C – 60 – C 200 – C 60 – C 30...

Damit habe ich bei sehr vielen chronischen Krankheiten sehr gute Erfolge erzielt und empfehle daher diese Methodik zur Überprüfung und zur Anwendung.

Literatur

Hahnemann S (1983) Die chronischen Krankheiten, ihre eigentümliche Natur und homöopathische Heilung, Erster Teil Unveränderter Nachdruck, Organon-Verlag.
Nebel A, Lehre von der Kanalisation oder Drainage, Berliner homöopathische Zeitschrift VI/34//1915, 179–187, Berlin.

Kapitel 17

Hyperthermie und Entgiftung

Ralf Kleef

Zusammenfassung
Diese Arbeit basiert auf einer MedLine Recherche und Literaturübersicht zu den Themen milde und moderate Ganzkörperhyperthermie und Entgiftung („Detoxifikation"). Die wissenschaftliche Literatur zu diesen Themen beschränkt sich bisher zum größten Teil auf die jahrzehntelange empirische Erfahrung mit Sauna und Dampfbädern in den verschiedensten Kulturkreisen. Als ein Beispiel beschreiben wir die Ausleitungsmechanismen von polychlorinierten dibenzo-p-Dioxinen und verwandten Dioxin-ähnlichen Wirkstoffen. Es wird die Schweißbildung, insbesondere hervorgerufen durch infrarote Überwärmungstechniken, aufgezeigt und welche additiven antioxidativen Therapieregime in den Behandlungsplan aufgenommen werden.

Die klinische Methode der milden und moderaten Ganzkörperhyperthermie wurde in vielen Jahren Erfahrung in Wien durch den Autor etabliert. Das Institut für Wärme- und Immuntherapie IWIT in Wien ist das führende Institut für Wärmetherapien in Österreich sowohl in der Grundlagenforschung als auch in der klinischen Anwendung der Hyperthermie. Neben einer Vielzahl physiologischer und immunologischer Mechanismen, die im Warmblüter durch Hyperthermie induziert werden, spielt die Detoxifikation der so genannten Grundsubstanz, der extrazellulären Matrix, die entscheidende Rolle in der Detoxifikation durch Hyperthermie.

Einleitung

Die wissenschaftliche Grundlage des Entgiftungs- oder „Detoxifikations"-Prozesses von Warmblütlern ist das „Clearing" der extrazellulären Matrix [Pischinger 1998, Heine 1997]. Der wichtigste Wirkungsmechanismus ist die allgemeine Vasodilatation aller Körperkompartemente durch Erhöhung des Blut- und Lymphflusses infolge komplexer thermoregulatorischer Mechanismen. Der zentrale Mechanismus ist eine allgemeine Vasodilatation des Blut- sowie des Lymphgefäßsystems. Es handelt sich hierbei um das komplexe System der Proteoglykane, das als molekulares Netz interpretiert werden kann, das durch Infrarot-Hyperthermietechniken erweitert wird.

Das „Entgiftungssystem" von Warmblütlern lässt sich folgendermaßen zusammenfassen:
- Niere, Blase
- Leber, Gallensystem
- Magen-Darm-Trakt
- Atmungssystem
- Haut
- Lymphatisches System

Immunabwehrzone Epithel
Immunglobuline: IgA –
1. Haut
2. Schleimhaut:
   Atmungssystem
   Urogenitaltrakt

Immunabwehrzone Thymus-Lymphe
Immunglobulin: IgM – proliferativ
1. Lymphatisches System, Lymphknoten
2. Adenoide, Tonsillen, Plaque in der Lymphe
3. Knochenmark
4. Milz
5. Leber
6. T-Lymphozyten

Immunabwehrzone Mesenchym: Immunglobulin: IgG – exsudativ
1. Epithel, Meningen
2. Pleura, Perikard
3. Peritoneum, Omentum
4. Mesenterium
5. Synovialis
6. Interstitielles Gewebe, zartes Bindegewebe
7. Monozyten, Histiozyten, B-Lymphozyten

Reinigungsmethoden
1. Reinigung über den Darmtrakt
2. Reinigung über die Haut
3. Forcierte Diurese
4. Diaphoretische Methoden
5. Aderlass-Methoden

Der Begriff Grundregulierung wurde von Pischinger, Heine und Mitarbeitern geprägt [Pischinger 1998, Heine 1997]: „Das Phänomen einer einzelnen Zelle kann als morphologische Abstraktion gesehen werden. Ohne Einbeziehung des lebenden Milieus der Zellen kann es nicht biologisch untersucht werden." Die Autoren nannten diesen Interzellularraum im Organismus „Matrix".

Was ist das biologische Äquivalent der Matrix?

- Virchowsche Zellpathologie versus Wechselwirkung zwischen Matrix und Zelle
- Wasserspeicherung des Proteoglykansystems, Transport aller Mikronährstoffe, hormonelle und vegetative Mediatoren, Signaltransduktion des vegetativen Nervensystems, Enddistanz für Sauerstoff, Sauerstoffarten
- Speicherung für Schwermetalle und Toxine
- Toxine des Stoffwechsels werden an Matrix-Proteine angedockt.

Hyperthermie bei Entgiftungsprotokollen

Als Therapieansatz wird gegenwärtig immer stärker Hyperthermie mit Infrarotstrahlung angewandt, wobei deren Befürworter eine Vielzahl erwarteter Wirkungen propagieren. Im Gegensatz zu Saunabädern, die mit der präventiven Wirkung auf das kardiovaskuläre System/auf den Kreislauf [Kauppinen 1997, Tei et al. 1994, Biro et al 2003, Keast et al 2000] und mit einer aktivierender Wirkung auf das Immunsystem [Ernst et al. 1990, Sundberg et al. 1968] in Verbindung gebracht wurden, sind in der wissenschaftlichen Literatur jedoch nur wenige gültige Daten zu messbaren Auswirkungen der fernen Infrarotstrahlung bei Hyperthermietherapie auf den Organismus vorhanden. Zudem wurde nur wenig über die Wirkmechanismen dieser Wirkungen publiziert. Die vorliegende Miniübersicht sollte daher (1) eine legitime Datengrundlage über die systemischen Wirkungen milder Infrarotstrahlung auf den Organismus und (2) Strategien für die weitere klinische Forschung schaffen.

Übereinstimmend wird milden und moderaten Ganzkörperhypertermietechniken ein eindeutiges Potenzial zur Modulierung des Immunsystems eingeräumt [Kleef 1998, Zellner et al 2002, Loer et al 1999]. Klinische Ganzkörperhyperthermie erreicht eine signifikante Erhöhung der Körperkerntemperatur im Fieberbereich, auch über die Dauer mehrerer Stunden [Monographie von Schmidt 1987, rezensiert von Kleef 1998:], im Gegensatz zu fernen Infrarottechniken, die auf sehr milde und kurze Erhöhungen (30–40 Minuten Expositionszeit) der Kerntemperatur im 0,1 C°-Bereich abzielen.

Die Bedeutung des Fiebers in der Epidemiologie und seine physiologische und immunologische Funktion wurde in vielen wissenschaftlichen Veröffentlichungen untersucht [rezensiert bei: Kleef et al 2001]. Die künstliche Erhöhung der Körperkerntemperatur bei milden Temperaturen [Park et al. 2005] durch Hyperthermietechniken ist aufgrund der berichteten positiven Auswirkung von Fieber in der Präventivmedizin wie auch bei chronischen Erkrankungen sehr interessant [Kleef et al. 2001, Roth 2003, Roberts 1991].

Grundprinzip der Ganzkörper-Hyperthermie

Das Grundprinzip der Ganzkörper-Hyperthermie ist eine Öffnung oder Erweiterung der Matrix. Der physiologische Mechanismus basiert auf einer starken Verbesserung der Mikrozirkulation in allen Muskel- und Organschichten innerhalb des Körpers. Dies impliziert eine transiente Erhöhung der mittleren vaskulären Dichte der Blut- und Lymphgefäße (Mean vascular density MVD) bis zu den feinsten Mikrokapillaren. Diese Erhöhung der MVD führt zu einem verbesserten Metabolismus der Nährstoffe wie auch zu einer verbesserten Ausleitung der (toxischen) Abfallprodukte.

Zudem wird nach einer Ganzkörper-Hyperthermie eine signifikante Erhöhung der Schweißsekretion sowohl bezüglich des Schweißvolumens als auch des Schweißgewichts induziert. Die bekannten Auswirkungen auf die allgemeinen physiologischen Parameter, aber auch die Rückwirkung der Zellen des Immunsystems zeigen deutlich, dass eine milde Ganzkörper-Hyperthermie bei regelmäßiger Anwendung eine systemische Wirkung auf die komplexen Regulationsebenen des Organismus erzielt. Diese Wirkungen können folgendermaßen interpetiert werden: Die milde Ganzkörper-Hyperthermie mit Infrarotstrahlung ahmt die physiologischen Reaktionen auf leichte körperliche Betätigung (moderater Ausdauersport) nach. Die positiven langfristigen Wirkungen von moderatem Ausdauersport auf die Gesundheit sind gut nachgewiesen. Die Infrarotstrahlung moduliert zudem das Immunsystem, indem es bei experimenteller Stimulation die Zytokinsynthese pro-inflammatorischer Zytokine reduziert. Außerdem wird der endogene Kortisolspiegel und – in weniger ausgeprägter Form – der Endorphinspiegel erhöht.

Weiters ahmt die Hyperthermie mit Infrarotstrahlung die Physiologie des natürlichen Fiebers besser nach als andere physikalische Methoden, weil die Strahlung über die Kapillarsysteme rasch durch alle Muskel- und Organschichten dringt [Bühring et al. 1986].

Immunologische Überlegungen

Die Hyperthermie mit Infrarotanwendung moduliert die Zytokinsynthese aktivierter Leukozyten signifikant nach unten [Kleef et al 2006]. Ein ähnliches Zytokinmuster wird jedoch auch nach leichter körperlicher Betätigung beobachtet [Mastorakos et al. 2005]. Aus diesen Daten wie auch aus anderen Parametern (z.B. aus dem Kortisolplasmaspiegel) kann geschlossen werden, dass die Auswirkungen nach milder Infrarotstrahlung der physiologischen Reaktion auf leichte körperliche Betätigung gleichen. Dies könnte eine große Bedeutung in der Gerontologie wie auch bei betagten Personen haben, die häufig in ihren körperlichen Fähigkeiten eingeschränkt sind. In der Sportmedizin findet die Infrarotstrahlung hingegen schon häufige Anwendung, insbesondere bei Weltklasseathleten im Fußball oder im alpinen Schisport. Die häufig berichtete erfrischende und regenerierende Wirkung nach milder Infrarotstrahlung könnte durch die feine Abdämpfung immunologischer Funktionen erklärt werden, die den Organismus vor Überreaktion schützen [Masuda et al 2005]. Andererseits wurde aufgezeigt, dass leichtes Muskeltraining anti-inflammatorische Wirkungen hat [Gielen et al. 2003], was zu einem verbesserten muskulären Sauerstoffmetabolismus beitragen könnte [Hannuksela et al 2001].

Blutdruck

Nach Saunabädern wurden die Blutdrucksenkung [Hannuksela et al 2001] und Verbesserungen in der vaskulären Endothelfunktion nachgewiesen [Imamura et al. 2001, Masuda et al. 2004]. Der Wirkungsmechanismus wurde durch eine reduzierte Ausscheidung von 8-epi-Prostaglandin F(2alpha) und einen reduzierten PGF(2alpha)-Spiegel im Urin als Kennzeichen für oxidativen Stress als eine Ursache für die Entwicklung arterioskleriotischer Endothelschädigung, identifiziert [Imamura et al. 2001]. Andererseits bewies die verstärkte Ausscheidung von arterieller Endothel-Stickoxidsynthase (eNOS) nach der Thermaltherapie einen Schutzmechanismus gegen eine Schädigung des Endothels [Ikeda et al 2001].

Dass die Ganzkörper-Hyperthermie eine blutdrucksenkende Wirkung hat, wurde bei Bluthochdruckpatienten unter Beweis gestellt, bei denen eine Serie von milden Ganzkörper-Hyperthermiebehandlungen durchgeführt wurde [Meffert et al 1991].

Literaturübersicht Hyperthermie – Detoxifikation/Entgiftung

Die folgenden Referenzen* unterstreichen die Leistungsfähigkeit von Hitzebehandlungstechniken bei Entgiftungstherapien. Eine detaillierte MedLine-Suche zu den Schlüsselwörtern Hyperthermie und Detoxifikation/Entgiftung ergab Veröffentlichungen, die unter folgenden Zwischentiteln thematisch geordnet aufgeführt werden:
- Entgiftung von Umweltgiften und Arzneimittelrückständen: .... n=8
- Auswirkungen renaler Ausscheidung mit Wärmestimulus: .... n=2
- Auswirkungen von Wärmestress und die endokrinen Hormone: .... n=8
- Auswirkungen von Wärmestress und Infrarot auf das Immunsystem: ... n=84
- Die Verwendung von Schweiß zur Evaluierung von Quecksilber-
  und Metalltoxizität: .... n=4
- Entgiftung von Chemikalien über Schwitzen: .... n=8
  Heilung von Wunden mit Infrarot: .... n=6
  Wärme und Fieber: .... n=10
- Biologische Aktivitäten von Infrarot: .... n=2
  Aktivierung von Präparaten mit Infrarot: .... n=4
- Thermoregulierung durch Wärmestress und Infrarot: .... n=17
- Auswirkungen von Infrarot und Wärmestress auf die Haut: .... n=13
- Bio-Effekte der Hyperthermietherapie auf den menschlichen
  Körper-Ausleitung von Chemikalien: .... n=26

* Redaktionsbedingt können diese Referenzen nicht gedruckt werden, auf Nachfrage werden sie vom Autor zugesandt.

Unterscheidung nach Intensitätsniveaus und Beschreibung der Ganzkörper-Hyperthermie

	Milde GKHT		Moderate GKHT		Extreme GKHT
Zieltemperatur Körperkern, T(rektal)	< 38,5 °C		38,5 °C - 40,5 °C		> 40,5 °C

Anwendungsdauer im angegebenen Temperaturbereich	kurz < 30 min	lang > 30 min	kurz < 4 h	lang > 4 h	> 1 h
Patientenbelastung	Schwitzen, kein thermoregulatorischer Streß	Schwitzen, kein thermoregulatorischer Streß	thermoregulatorischer Streß, persönl. Betreuung ggf. schwache Sedierung	thermoregulatorischer Streß, Sedierung erforderlich	tiefe intravenöse Anästhesie oder Vollnarkose
Patientenüberwachung	ohne Betreuung, Heimanwendung möglich	pflegerische Betreuung, T(axillär,sublingual, tympanal)	pflegerische Betreuung mit ärztlicher Aufsicht, T(rektal), T(axill,subl,tymp) Herzfrequenz	pflegerische Betreuung mit ärztlicher Aufsicht, T(rektal), Blutdruck EKG, Sauerstoffsättigung	ärztlich geleitete Intensiv-Überwachung
Indikationsbereich (Auswahl)	Entspannung, Wellness	Rehabilitation, Physiotherapie Orthopädie	Chronische Entzündung Rheumatologie Dermatologie Umweltmedizin Onkologie	Onkologie	Onkologie

Abb. 1:   Abgedruckt mit Genehmigung: aus Heckel Medizintechnik GmbH Esslingen und Ardenne Institut, Dresden

Hyperthermie bei Dioxin-Entgiftungsprotokollen

„Ausschwitzen" in der Sauna ist wertvoll [Kleef 1998, Gard et al 1992]. Studien beweisen, dass mit Hilfe von Sauna und Hyperthermie Schwermetalle und Chemikalien wie DDE (ein Metabolit von DDT), PCBs (polychlorinierte Biphenyle) und Dioxin [Schnare et al. 1982, Hohnadel et al. 1973, Sundermann et al 1974, Gitlitz et al 1974] aus Fettzellen ausgeleitet werden können. Die Bedeutung des Fiebers und dessen physiologische und immunologische Funktion sind Gegenstand vieler wissenschaftlicher Veröffentlichungen [Übersicht in: Kleef et al 2001].

Die toxische Kinetik und der Stoffwechsel von polychlorinierten dibenzo-p-Dioxinen (PCDDs) und Dibenzofuranen (PCDFs) sind wohl bekannt, es liegen jedoch nur begrenzte Daten aus Humanstudien vor. Daher müssen bei der Risikobeurteilung für PCDDs und PCDFs für den Menschen toxikokinetische Daten nach Spezies, Gleichartigkeit und Dosis berücksichtigt werden [Van den Berg et al. 1994].

Typischerweise wird die Ausscheidung von Dioxin in hydroxilierter Form im Stuhl oder als Konjugate im Urin nachgewiesen [Hu et al. 1999]. Die Ausleitung von Dioxin über den Schweiß wird als Entgiftungsverfahren bei Menschen, die einer Dioxinvergiftung ausgesetzt wurden, an Bedeutung stark zunehmen [Geusau et al. 2001]. Laut Studie entspricht die Ausleitung von TCDD über die Haut, höchst wahrscheinlich durch Abschuppung, jedoch nur 12% der gesamten Ausleitungsrate von TCDD pro Tag, in Bezug auf die Körperoberfläche und berechnet auf Grundlage der Halbwertszeit von TCDD zur Zeit der Hautuntersuchung.

Daher wird die Ausleitungsrate von TCDD über die Haut durch eine milde Ganzkörper-Hyperthermie stark erhöht werden. Schon lange kommt dem Schwitzen eine klinische Bedeutung bei der Ausleitung von Schwermetallen wie Hg zu [Sundermann et al 1998]. Über Jahrhunderte wurde die Sauna in Spanien zur Umkehrung der Symptome bei mit Quecksilber belasteten Minenarbeitern eingesetzt. Lovejoy stellte fest, dass bei exponierten Fabrikarbeitern der Hg-Wert im Schweiß höher war als im Urin [Lovejoy et al 1973]. Bei Entgiftungstherapien muss zudem Rücksicht auf die Nieren genommen werden, da Studien nahe legen, dass nach einer Vergiftung während der Kindheit im Knochen gespeicherte und später austretende Schwermetalle, auch Pb, oder bei Osteoporose zu Nierenschädigung führten [Wedeen 1983].

Antioxidatives Therapieregime

Das antioxidative Therapieregime, das zur Vorbereitung und Unterstützung der Behandlung notwendig ist, umfasst Ascorbinsäure AA ("Vitamin C"), welche die Entgiftung signifikant beschleunigen kann. Auch wenn noch keine kontrollierten Studien vorliegen, gibt es theoretische Grundlagen (und starke anekdotische Evidenz), die diese Meinung unterstützen. Drei theoretische Annahmen besagen, dass AA (oral oder i.v.): (1) durch Mobilisierung gebundener intrazellulärer Toxine die Ausscheidung über alle Wege fördern kann (was Chelatbildner nicht können); (2) durch Reduktion der nephrotoxischen Ionen zu besser auszuscheidenden elementaren Toxinformen die Nieren schützen kann; und dass AA (3) die Aufnahme von Schwermetallen stark stimulieren kann (durch die phagozytischen Kupffer-Zellen der Leber), die dann durch den Darm ausgeschieden werden können und so die Nieren schonen.

Methode und Monitoring der Milden Ganzkörper-Hyperthermie-Therapie (GKHT)

Methode

Die GKHT wird mit Iratherm^{1000} (Ardenne, Dresden) oder Heckel-HT^{2000} (Heckel, Esslingen) durchgeführt, medizinische Vorrichtungen, die speziell für die Wärmebehandlung entwickelt wurden. Die Temperatur wird variabel über spezielle Infrarot-Strahler reguliert und, nach zeitlichen Vorgaben, auf einer Körpertemperatur von 38–39° C gehalten. Es muss darauf hingewiesen werden, dass die nach den Therapiestandards von IWIT, Wien angebotene milde Ganzkörper-Hyperthermie (GKH) ein Maximum an Sicherheit, Zuverlässigkeit und Wohlbefinden für den Patienten garantiert. Nach einer GKH fühlt sich der Patient geistig und körperlich erfrischt, vollkommen entspannt und dennoch angeregt.

Bei der vorgeschlagenen Therapie richtet sich die Behandlungszeit nach der erforderlichen Entgiftung. Die anfängliche Anwendungsdauer variiert zwischen 60 und 90 Minuten Infrarot-Erwärmung. Die gesamte Behandlung einschließlich

Vorbereitung, Hyperthermie-Phase, Abkühlungsphase und Pflege des Patienten, Duschen und Erholung sollte mit 2½ bis 3½ Stunden veranschlagt werden.

Monitoring

Dieses erfolgt durch eine kontinuierliche Messung von EKG, Pulsoxymetrie, Hauttest-Analyse, Atemfrequenzmessung, automatische Blutdruckmessung, axillare und rektale Temperaturmessung durch eine Sonde sowie transcutane Messung der SpO_2 Sättigung.

Überwachung und Beobachtung der Patienten

In eine Vene des Unterarms wird ein intravenöser Dauervenenkatheder gelegt und mit einer pH-Klebebinde und braunem Heftpflaster sicher befestigt (Achtung auf Schweißsekretion). Ein 5-Kanal-EKG mit speziellen Elektroden wird ventral am oberen Thorax befestigt und durch einen speziellen Kontrollmonitor abgelesen und gespeichert (z.B. Lohmeier Intensiv-monitor Typ M011-392, CE 0123, 81241 München). SpO_2 wird mittels Pulsoxymetrie abgelesen. Der Sensor muss vor dem Infrarotlicht geschützt und mit einem braunen Pflaster am Finger befestigt werden. Die Manschette für die Blutdruckmessung muss an dem Arm angelegt werden, an dem kein intravenöser Katheder befestigt wurde.

Eine Infusion mit 5% Dextrose und/oder 0,9% NaCl wird während der gesamten Dauer der GKH verabreicht, gleichzeitig wird das antioxidative/Entgiftungs-Therapieregime durchgeführt, wobei grundsätzlich Vitamin C in einer Konzentration von 100mg/kg Körpergewicht und Magnesium mit 10mg Gesamtdosis hinzugefügt werden. Die Flüssigkeitsreanimation wird anfangs mit der dreifachen normalen Erhaltungsdosis pro Stunde berechnet. Der Berechnung wird das Gewicht des Patienten zugrunde gelegt: 4 ml/kg/h für die ersten 10 kg Gewicht, plus 2 ml/kg/h für die zweiten 10 kg Gewicht, plus 1 ml/kg/h für jede weitere 20 kg Körpergewicht. Dies bedeutet, dass die normale Erhaltungsdosis pro Stunde für einen 60 kg schweren Patienten 40 ml/h + 20 ml/h + 40 ml/h = 100 ml/h betragen würde (78). Unter Hyperthermiebedingungen müssen diese Werte jedoch mit dem Faktor 5 multipliziert werden, um die stündliche Substitution von 500 ml aufrechtzuerhalten. Die intravenöse Flüssigkeitszufuhr wird so angepasst, dass eine Urinmenge von 0,5 ml/kg/h erhalten bleibt. Zufuhr (i.v.) und (Urin) Abgabe werden stündlich gemessen und dokumentiert. Der Sauerstoff wird per Nasensonde mit einem ständigen Fluss von 4 l/min verabreicht. Die Abkühlungsphase, die 20–30 Minuten dauern kann, beginnt mit dem Abschalten des Hyperthermiegeräts. Je nach Zustand muss der Patient 1–2 Stunden nach Beendigung der Hyperthermiebehandlung bei wiederholter Messung des venösen Blutdrucks unter Beobachtung bleiben.

Literatur

Bühring M, Flascha Ch, Nickelsen T, Infrarothyperthermie imitiert die Physiologie eines Fiebers eindeutiger als Hyperthermie in Wasser. Z Phys Med Baln Med Klin 1986; 15: 326.

Biro S, Masuda A, Kihara T, Tei C. Clinical implications of thermal therapy in lifestyle-related diseases. Exp Biol Med (Maywood). 2003 Nov; 228: 1245–9.

Ernst E, Pecho E, Wirz P, Saradeth T, Regular sauna bathing and the incidence of common colds. Ann Med. 1990; 22: 225–7.

Ernst E, Hardening against the common cold – is it possible? Fortschr Med 1990 Okt 30; 108: 586–8. [Artikel auf deutsch].

Gard Z, MD and Brown E, Literature Review and Comparison Studies of Sauna/ Hyperthermia in Detoxification. Townsend Letter for Doctors 107 (Jun, 1992): 470–478.

Geusau A, Tschachler E, Meixner M, Päpke O, Stingl G, Mclachlan M, Cutaneous elimination of 2,3,7,8-tetrachlorodibenzo-p-dioxin. British Journal of Dermatology Band 145 Ausgabe 6 Seite 938 – Dez 2001.

Gielen S, Adams V, Linke A, Erbs S, Mobius-Winkler S, Schubert A, Schuler G, Hambrecht R. Exercise training in chronic heart failure: correlation between reduced local inflammation and improved oxidative capacity in the skeletal muscle. Eur J Cardiovasc Prev Rehabil. 2005 Aug; 12: 393–400.

Gielen S, Adams V, Mobius-Winkler S, Linke A, Erbs S, Yu J, Kempf W, Schubert A, Schuler G, Hambrecht R. Anti-inflammatory effects of exercise training in the skeletal muscle of patients with chronic heart failure. J Am Coll Cardiol. 2003 Sep 3; 42: 869–72.

Gitlitz PH, Sunderman FW Jr, Hohnadel DC, Ion-exchange chromatography of amino acids in sweat collected from healthy subjects during sauna bathing. Clin Chem. 1974 Okt; 20: 1305–12. Keine Zusammenfassung verfügbar.

Hannuksela ML, Ellahham S, Benefits and risks of sauna bathing. Am J Med. 2001 Feb 1; 110: 118–26.

Heine H, Lehrbuch der biologischen Medizin. Grundregulation und Extrazelluläre Matrix-Grundlagen und Systematik Hippokrates – Stuttgart, 1997.

Hohnadel DC, Sunderman FW Jr, Nechay MW, McNeely MD. Atomic absorption spectrometry of nickel, copper, zinc, and lead in sweat collected from healthy subjects during sauna bathing. Clin Chem. 1973 Nov; 19(: 1288–92.

Hu K, Bunce NJ. Metabolism of polychlorinated dibenzo-p-dioxins and related dioxin-like compounds. J Toxicol Environ Health B Crit Rev. 1999 Apr-Jun; 2: 183–210.

Ikeda Y, Biro S, Kamogawa Y, Yoshifuku S, Eto H, Orihara K, Kihara T, Tei C., Repeated thermal therapy upregulates arterial endothelial nitric oxide synthase expression in Syrian golden hamsters. Jpn Circ J. 2001 Mai; 65: 434–8.

Imamura M, Biro S, Kihara T, Yoshifuku S, Takasaki K, Otsuji Y, Minagoe S, Toyama Y, Tei C, Repeated thermal therapy improves impaired vascular endothelial function in patients with coronary risk factors. J Am Coll Cardiol. 2001 Okt; 38: 1083–8.

Kauppinen K, Facts and fables about sauna. Ann N Y Acad Sci. 1997 März 15; 813: 654–62.

Keast ML, Adamo KB,The Finnish sauna bath and its use in patients with cardiovascular disease. J Cardiopulm Rehabil. 2000 Juli-Aug; 20: 225–30.

Kleef et al, Physiological and immune-modulating effects of mild local hyperthermia induced by low temperature infrared radiation techniques. Manuskript in Vorbereitung. 2006.

Kleef R, Jonas WB, Knogler W, Stenzinger, Fever, cancer incidence and spontaneous remissions. Neuroimmunomodulation 2001; 9: 55–64.

Kleef R, Die milde und moderate Ganzkörperhyperthermie. Mild and moderate whole body hyperthermia. Review Article. Springer Loseblatt Systeme Naturheilverfahren. Folgelieferung 3/2000.

Loer D, Elsner J, Michalsen A, Melchart D, Volker K, Dobos G, Hyperthermia-induced priming effect in neutrophil granulocytes. Forsch Komplementarmed. 1999 Apr; 6: 86–8.

Lovejoy HB, Bell ZG Jr, Vizena TR, Mercury exposure evaluations and their correlation with urine mercury excretions. 4. Elimination of mercury by sweating. J Occup Med. 1973 Juli; 15: 590–1.

Mastorakos G, Pavlatou M, Exercise as a Stress Model and the Interplay Between the Hypothalamus-pituitary-adrenal and the Hypothalamus-pituitary-thyroid Axes. Horm Metab Res. 2005 Sep; 37: 577–84.

Masuda A, Koga Y, Hattanmaru M, Minagoe S, Tei C, The effects of repeated thermal therapy for patients with chronic pain. Psychother Psychosom. 2005; 74: 288–94.

Masuda A, Miyata M, Kihara T, Minagoe S, Tei C, Repeated sauna therapy reduces urinary 8-epi-prostaglandin F(2alpha). Jpn Heart J. 2004 März; 45: 297–303.

Meffert B, Hochmuth O, Steiner M, Scherf HP, Meffert H, Effects of a multiple mild infra-red-A induced hyperthermia on central and peripheral pulse waves in hypertensive patients. Med Biol Eng Comput. 1991 Nov; 29: NS45–8.

Park HG, Han SI, Oh SY, Kang HS, Cellular responses to mild heat stress. Cell Mol Life Sci. 2005 Jan; 62: 10–23.

Pischinger A (1998) Das System der Grundregulation. Grundlagen einer ganzheitsbiologischen Medizin. Heine H (Hg). 9te Auflage, Haug Verlag.

Roberts NJ Jr. Impact of temperature elevation on immunologic defenses. Rev Infect Dis. 1991 Mai-Juni; 13: 462–72.

Roth J. [Fever in acute illness: beneficial or harmful?] [Artikel auf deutsch] Wien Klin Wochenschr. 2002 Feb 15; 114: 82–8.

Schmidt KL: Hyperthermie und Fieber, Wirkungen bei Mensch und Tier. Hippokrates, 2. überarb. Auflage 1987.

Schnare, D. W.; Denk G, Shields M, Brunton S, Evaluation of a Detoxification Regimen for Fat Stored Xenobiotics. Medical Hypotheses 9 Nr. 3 (1982): 265–282.

Sundberg M, Kotovirta ML, Pesola EL, Effect of the Finnish sauna-bath on the urinary excretion of 17-OH-corticosteroids and blood eosinophil count in allergic and healthy persons. Acta Allergol. 1968 Sep; 23: 232–9.

Sunderman FW Jr, Hohnadel DC, Evenson MA, Wannamaker BB, Dahl DS, Excretion of copper in sweat of patients with Wilson's disease during sauna bathing. Ann Clin Lab Sci. 1974 Sep-Oct; 4: 407–12.

Sunderman, FW, Perils of Mercury, Annals of Clinical and Laboratory Science, 18: 89–101,1988.

Tei C, Horikiri Y, Park JC, Jeong JW, Chang KS, Tanaka N, Toyama Y, Effects of hot water bath or sauna on patients with congestive heart failure: acute hemodynamic improvement by thermal vasodilation. J Cardiol. 1994 Mai-Juni; 24: 175–83. [Artikel auf japanisch]

Van den Berg M, De Jongh J, Poiger H, Olson JR, The toxicokinetics and metabolism of polychlorinated dibenzo-p-dioxins (PCDDs) and dibenzofurans (PCDFs) and their relevance for toxicity. Crit Rev Toxicol. 1994; 24: 1–74.

Wedeen RP. Lead, Mercury and cadmium nephropath,. Neurotoxicology, 1983 Herbst; 4: 134–46.

Zellner M, Hergovics N, Roth E, Jilma B, Spittler A, Oehler R, Human monocyte stimulation by experimental whole body hyperthermia. Wien Klin Wochenschr. 2002 Feb 15; 114: 102–7.

Kapitel 18

Fluidum und Materie

Armin Prinz

Zusammenfassung
Die Krankheitsvorstellungen des Menschen lassen sich auf zwei Konstrukte zurückführen: die Humoralpathologie und die Solidarpathologie. Dem Ersteren liegt die Annahme zugrunde, dass im Körper verschiedene Säfte als Träger des Lebens vorhanden sind, die in Qualität und Quantität harmonisch aufeinander abgestimmt sein müssen. Ist ein Ungleichgewicht vorhanden wird der Körper krank und muss durch Maßnahmen behandelt werden, die darauf abzielen diese Harmonie wiederherzustellen. Hierzu gehören Aderlass, Schröpfen, Skarifizieren, Purgieren und die Anwendung von ableitenden und schweißtreibenden Medikamenten. Bei der solidaren Vorstellung besteht Krankheit aus pathologisch veränderter, genau lokalisierbarer Materie. Diese muss entweder durch chirurgische oder pseudochirurgische (wie etwa bei den Geistheilern auf den Philippinen) Verfahren entfernt oder durch Therapeutika bekämpft werden, die den Krankheits„keim" eliminieren. Beide Vorstellungen sind nebeneinander vorhanden, nur unsere Hochschulmedizin, mit ihrem Hang zur Verschulung, hat immer nur entweder das eine oder das andere akzeptiert. So war die von der Hippokratischen Medizin abgeleitete Säftelehre bis etwa 1850 Lehrmeinung und wurde dann von der Zellularpathologie abgelöst, die auf Axiomen der bei uns ebenfalls von griechischen Ärzten geprägten Solidarpathologie beruht. Bei anderen Heilkunden ist je nach Krankheit beide Vorstellungen parallel präsent.

Einleitung

Wer kennt nicht die beiden Gefühle von Krankheit an sich selbst: einerseits spürt man bei manchen Zuständen ein Wallen und Fließen im Körper, bei denen der Eindruck entsteht, dieses krank Machende soll aus dem Körper ausgeschwitzt, abgeleitet oder sonst wie eliminiert werden, anderseits gibt es Gefühle wo man meint: „Ach, gerade an dieser Stelle tut es mir weh, dieses Störzentrum muss herausgerissen oder herausgeschnitten werden und dann ist alles wieder gut". Diese Vorstellungen entsprechen einem universellen Krankheitsverständnis des Menschen, das sowohl, wie ersteres, eine humorale, als auch, wie Letzteres, eine solidare Komponente besitzt. Und diese binären Krankheitsauffassungen können als Universalien in allen Heilkunden dieser Welt nachgewiesen werden. Nur in unserer europäischen Heilkunde, mit ihrem Hang zur Verschulung, war immer ausschließlich das eine oder das andere Lehrmeinung. So war die Humoralpathologie mit seinem letzten großen Vertreter, dem berühmten Pathologen der Zweiten Wiener Medizinischen Schule, Carl Rokitansky (1804–1878), bis in die Mitte des 19. Jahrhunderts allein gültige Doktrin und wurde dann durch die, solidaren Prinzipien folgende Zellularpathologie des preußischen Pathologen Rudolf Virchow (1821–1902) abgelöst. Während sich dann bis zum Beginn der 70-er Jahre des 20. Jahrhunderts in der modernen Medizin, mit ihren Elektronenflüssen oder Membranpotentialen, das Leben durchwegs im solidaren Bereich manifestiert hat, scheint jetzt wieder eine Kehrtwendung eingetreten zu sein. Mit der Erforschung der Hormone, Mediatorenstoffe oder Enzyme, „Säfte" die die Lebensvorgänge regeln, kommt praktisch durch die Hintertür das humorale Denken wieder in unsere Hochschulmedizin. Im Folgenden soll dieses Nebeneinander dieser beiden Konzepte in Geschichte und Ethnomedizin dargestellt werden.

Humoralpathologie in der Griechischen Antike bis zu Rokitansky

Bei Hippokrates (ca. 460–377 v. Chr.), wird der Körper gemäß der griechischen Säftelehre als Mikrokosmos des ihn umgebenden Makrokosmos gesehen. Der Mensch besteht demnach aus den vier Körpersäften Blut, Schleim, gelbe Galle und schwarze Galle und den dazugehörigen Qualitäten heiß, feucht, trocken und kalt, denen die vier Elemente Feuer, Luft, Wasser und Erde (Abbildung 1) und später durch Galen aus Pergamon (130–201 n. Chr.) noch die Konstitutionstypen Sanguiniker, Phlegmatiker, Choleriker und Melancholiker zugeordnet sind.
In diesem Konstrukt sind alle Lebensvorgänge enthalten. Das System wird durch die Hitze des Körpers aufrechterhalten, die durch ein Feuer im als blutlos gedachten linken Ventrikel des Herzens erzeugt wird. Um diese Verbrennung zu ermöglichen benötigt das Herz Luft, den Lebenshauch *(pneuma)*, und Brennstoff in Form von Nahrung und Flüssigkeiten. Als leitende Kraft dieser Vorgänge, sowohl für das Funktionieren des Systems, als auch für dessen Gesunderhaltung, wurde das Konzept der Lebenskraft *(physis)* postuliert. War diese *physis* zu schwach oder durch äußere Einflüsse gestört, so bedurfte es des Arztes und seiner Heilbehandlung, um die harmonische Zusammensetzung der Säfte *(eukrasie)* sowohl in quantitativer als auch qualitativer Hinsicht wiederherzustellen. In dieser Vorstellung wurden alle Hohlorgane wie Herz, Darm, Uterus, Niere oder Harnblase als Säfte sekretierend gedacht und alle parenchymatösen Organe wie Lunge, Leber, Milz oder die weibliche Brust als aus den umliegenden Geweben Säfte absorbierend angesehen.
    Dieses Konzept wurde durch die Schule des Aristoteles (384–322 v. Chr.) weitergeführt. Aristoteles sah jedoch nicht mehr, wie vor ihm üblich, das Gehirn als Sitz der Seele sondern das Herz. Demnach ist es das Zentrum des Lebens und

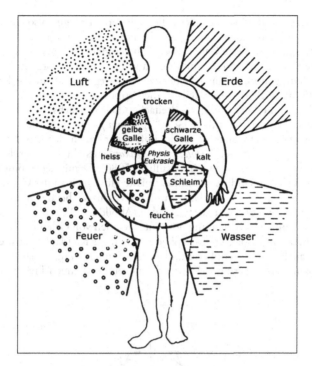

Abb. 1: Elemente, Qualitäten und Körpersäfte der griechischen Humoralpathologie mit den später von Galen zugeordneten Temperamenten (nach Rothschuh 1973; modifiziert)

alle übrigen Strukturen des Körpers sind ihm untergeordnet. Es produziert das Blut, aus ihm entstehen die Gefäße und es ist der Sitz der Lebenswärme. Puls, Herzkontraktionen und die Atembewegungen haben ihren Ausgang in der Hitze des Herzens, die bei der Produktion des Blutes entsteht. Die Lunge mit ihren Gefäßverbindungen zum Herzen hat nur die Aufgabe diese Hitze zu kühlen.

Auf Basis dieser beiden Theorien hat dann Galen ein System entwickelt, dass für über 1200 Jahre praktisch unverändert gültig blieb. Demnach bildet sich das venöse Blut aus den vier Säften rotes Blut, gelbe Galle, schwarze Galle und Schleim zusammen. Der Überschuss eines dieser Säfte ist verantwortlich für die Ausbildung des zugehörigen Temperamentes: Sanguiniker (Blut-Mensch), Phlegmatiker (Schleim-Mensch), Choleriker (gelbe Galle-Mensch), Melancholiker (schwarze Galle-Mensch), eine Einteilung der Wesensarten, die uns bis heute geläufig ist. Galen war auch der erste, der nachwies, dass das Blut in Arterien und Venen fliest und dass beide Herzkammern blutgefüllt sind. Das System der Herzklappen war ihm bekannt; die Vorhöfe wurden nicht näher beachtet, da er diese gemäß der alexandrinischen Schule wahrscheinlich nur als Ausbuchtungen der großen Gefäße sah. Der Entdeckung des Kreislaufs war er dadurch sehr nahe. Aus der Nahrung wurden in der Hitze der Leber die vier Säfte geschaffen, die dann ihrerseits durch „Verkochung" das Blut bildeten. Dieses erreichte durch die untere

Hohlvene teilweise das Herz, teilweise die Peripherie. Er nahm also eine doppelte Stromrichtung im Venensystem an. Um das nötige Blut nun in das arterielle System zu bringen, postulierte Galen „Poren" in der Herzscheidewand, die von Zeit zu Zeit die linke Herzkammer auffüllten und mit Hitze versorgten. Das Linksherz beförderte dann das Blut in einer Pendelbewegung teils in die Lunge, wo es mit Luft angereichert wurde, teils in die Peripherie. Er übernahm von Platon (427–347) auch die Vorstellung des dreifachen Lebenshauchs: In der Leber wird das erste Pneuma, der „natürliche Geist" *(pneuma physikon)* gebildet, der „vitale Geist" *(pneuma zooticon)* stammt aus der Luft in der linken Herzkammer, aus dem letzendlich der „beseelte Geist" *(pneuma psychikon)* entsteht, der über die Arterien in die Hirnkammern getragen wird (Rullière 1980). Damit neues Blut in dieses System aus der Leber einfließen konnte, musste Flüssigkeit an der Oberfläche des Körpers verdunsten. Stuhl und Urin wurden als Schlacke bei der Blutgewinnung in der Leber von dieser direkt ausgeschieden (Abbildung 2).

Die Bewegung und Bedeutung des Blutes wurden von Galen im Prinzip richtig eingeschätzt, außer dass er das kapillare System des Kreislaufes nicht erkannte, obwohl er auch an der Peripherie und in den Lungen einige Anastomosen postuliert. Damit sollen geringe Mengen des Leben erhaltenden Pneumas aus den

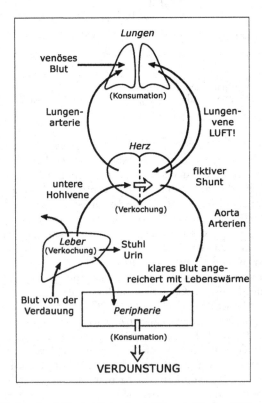

Abb. 2: Herz, Kreislauf und Blut bei Galen (nach Meyer & Triadou 1996; modifiziert)

Arterien in das venöse Blut gelangen. Sehr viel Wert legt Galen auf das Messen des Pulses und er führt dafür eine Unzahl von Qualitäten von diagnostischer Bedeutung ein.

Bis zur Renaissance gab es dann keine wesentlichen Neuerungen, im Gegenteil – vieles aus der antiken Medizin geriet in Vergessenheit. Die wenigen Texte, die im Kampf des Christentums gegen die „heidnischen" Schriftquellen überlebten, waren unvollständig. Wenn nicht die wichtigsten Manuskripte ins Arabische übersetzt worden wären, wüssten wir heute kaum etwas von der antiken Medizin. Trotzdem war auch im Mittelalter, vor allem durch die Studien des römischen Philosophen Boethius (ca. 475–525), einiges von dem alten Wissen bekannt. Sehr eindrucksvoll sieht man dieses Nachwirken in den Büchern der Hildegard von Bingen (1098–1179).

Ihrer Ansicht nach ist das Herz die Grundlage der körperlich-seelischen Organisation des Menschen. Es ist die Intergrationszentrale für alle geistigen und körperlichen Vorgänge im Menschen. „Das hat Gott mit dem Herzen des Menschen bestimmt, dass es Leben und Gefühle der ganzen Leiblichkeit ist, dass es den ganzen Leib unterhält, weil ja im Herzen das Denken des Menschen geordnet und der Wille gehütet wird." (Hildegard von Bingen übersetzt von Schipperges 1957 p. 111). Und weiter: „Das Herz ist das Fundament des Lebens und die Wohnstätte des Wissens von Gut und Böse" (ibid. p. 91) und „Die Seele aber ist ihrem Wesen nach feuriger, windhafter und feuchter Natur; sie hat das ganze Herz des Menschen in ihrem Besitz." (ibid. p. 100).

Über die Rolle der vier Elemente und dem Blut bei der Zeugung schreibt Hildegard von Bingen folgendes:

„Alsdann kommen die vier Elemente hinzu, welche die vier verschiedenen Säfte im Menschen in Aufruhr bringen, und zwar mit all ihrem Überfluß und wie in einem Unwetter; das geht so vor sich, daß das Feurige, das heißt das Trockene, über das Maß das Wünschen entzündet, und die Luft, das heißt das Feuchte, maßlos die Aufmerksamkeit erregt, daß ferner das Wasser, das heißt das Schaumige, über das Maß die Zeugungskraft zum Fließen bringt, und endlich die Erde, das heißt das Lauwarme, die Einwilligung maßlos aufschäumen läßt. Alle diese überschießenden Kräfte lassen gleichsam einen Sturm aufkommen und werfen aus dem Blut einen giftartigen Schaum aus, den Samen nämlich, damit mit diesem, sobald er an seine Stelle fällt, das weibliche Blut sich verbindet und auf diese Weise ein Blutgemisch entsteht.

Das erste Werden eines Menschen entspringt jener Lustempfindung, die die Schlange dem ersten Menschen beim Genuß des Apfels gab, weil damals schon das Blut des Mannes durch Begierlichkeit aufgewühlt war. Daher ergießt dieses Blut auch einen kalten Schaum in das Weib, der dann in der Wärme des mütterlichen Gewebes zur Gerinnung kommt, wobei er jene blutgemischte Gestalt annimmt; so bleibt zunächst dieser Schaum in dieser Wärme und wird erst später von den trockenen Säften der mütterlichen Nahrung unterhalten, wobei er zu einer trockenen, miniaturhaften Gestalt des Menschen heranwächst, bis schließlich die Schrift des Schöpfers, der den Menschen formte, jene Ausdehnung der menschlichen Formation als Ganzes durchdringt, wie auch ein Handwerker sein erhabenes Gefäß herausformt." (ibid. p. 125).

Diese Anschauung, nämlich dass weibliches und männliches Blut sich mischen müssen um neues Leben zu zeugen, geht auf die Epikureer zurück, die etwa zeitgleich mit Aristoteles erstmals auch die Rolle der Frau bei der Entstehung neuen Lebens hervorgehoben haben. Was Hildegard von Bingen jedoch nicht vermerkt, ist die Ansicht dieser Philosophenschule, dass durch Geschlechtsverkehr in der Frühschwangerschaft wiederholt Sperma sich mit den Säften der Mutter mischen muss, um damit den Embryo zu nähren und zu entwickeln (Needham 1959).

Diese Vorstellung ist jedoch bei den Völkern der Sahel Zone, die schon seit langem in Kontakt mit der großteils auf antiken Traditionen aufbauenden Arabischen Medizin standen, fest verankert. Von den Samo in Burkina Faso gibt es ethnographische Berichte zur Zeugung und Menschwerdung, die überraschend genau mit den antiken Theorien übereinstimmen (Hértier-Augé 1989). Ebenso wird dort, im Gegensatz zu Hildgard von Bingen, der wiederholte Geschlechtsverkehr in den ersten sieben Lunarmonaten gefordert, um den Fötus und insbesondere sein Blut zu entwickeln. Auch bei den Seereer im Senegal habe ich bei eigenen Forschungen ein ähnliches Konzept aufzeichnen können.

Nach einem Stillstand, ja sogar Rückschritt, in den anatomischen und physiologischen Ideen im frühen Mittelalter, beginnen sich im 12. und 13. Jahrhundert christliche Gelehrte mit den antiken Schriften zu beschäftigen. Ermöglicht wurde dies durch deren Rückübersetzungen aus dem Arabischen, vor allem durch den arabischstämmigen Mönch Constantinus Africanus (ca. 1010–1087), der in dem berühmten süditalienischen Kloster Monte Cassino wirkte. Es waren dann vor allem die Scholastiker wie der deutsche Philosoph und Heilige Albertus Magnus (ca. 1193–1280) und der Philosoph Thomas von Aquin (ca. 1225–1274), die die alten Schriften in Einklang mit den herrschenden Dogmen der katholischen Kirche brachten. Trotzdem bereiteten sie auch den Weg für die Wissenschaftler und Künstler der Renaissance. Damals war auch die Zeit der Gründungen der großen Universitäten Europas (Bologna 1119, Paris 1200, Oxford 1249 und Prag – als erste deutsche Universität – 1348, Wien 1365).

Die in Italien einsetzende Emanzipation der Wissenschaften vom Gängelband der Theologie führte zum Grundstein für die moderne Anatomie und Physiologie. Besonders zwei Gelehrte haben sich um diese Entwicklung verdient gemacht – Leonardo da Vinci (1452–1519), mit seinen anatomischen und physiologischen Zeichnungen, und der flämische Anatom und Professor in Padua Andreas Vesalius (1514–1564). Trotz seiner hervorragenden anatomischen Kenntnisse glaubte Vesalius in Anlehnung an Galen noch immer, dass die Venen das dicke Blut zur Versorgung zu den Organen bringt und in den Arterien mit dem dünnen Blut nur der Lebensgeist *(pneuma zooticon)* verteilt wird. Erst 100 Jahre später konnte William Harvey (1578–1657) durch anatomische Studien und klinische Versuche, wie seinem berühmten Venendruckversuch (Abbildung 3), die Natur des Körper- und Lungenkreislaufes endgültig klären.

Obwohl sich schon hundert Jahre früher der berühmte Theophrastus von Hohenheim (1493–1541), der sich selbst Paracelsus nannte, gegen manche Lehrsätze der alten Säftelehre stellte, hat diese Entdeckung Harvey's zu seiner Zeit die humoralpathologische Doktrin beflügelt. Die Sinnhaftigkeit der Entziehungskuren wie Schröpfen, Skarifizieren und Anderlaß wurde dadurch untermauert. Galt es doch das mit den Körperschlacken verunreinigte „stöckige" Blut der Venen zu entfer-

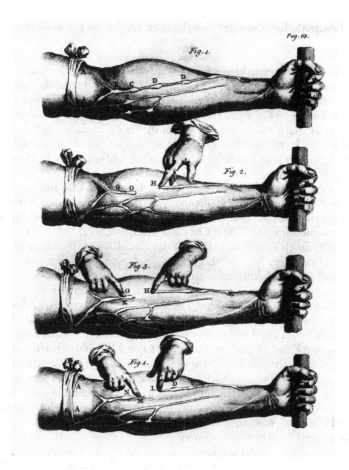

Abb. 3: Venendruckversuch von Harvey (aus: Harvey 1766 [1628], Josephinische Bibliothek, Wien)

nen. Ergänzt wurden diese Reinigungen durch Klistiere, Bäder und Schwitzkuren, die besonders durch die Entdeckung der enorm schweißtreibenden Wirkung der südamerikanischen Heilpflanze *Pilocarpus jaborandi* einen Auftrieb erhielten. Mit seinen Untersuchungen zur Syphilisbehandlung durch Schwitzkuren mit Pilocarpin, setzte Lewin noch im Jahre 1880 nicht nur dieser traditionellen Arzneipflanze ein Denkmal, sondern zeigt auch, dass humoralpathologisches Denken auch noch lange nach dem „offiziellem" Ende der Humoralpathologie mit Rokitansky's „Allgemeine Pathologie" (1846) sogar in der durch den Zellularpathologen Virchow geprägten preußischen Medizin nachwirkte. In der Komplementärmedizin werden die Elemente der Humoralpathologie mit der Aschner-Methode, benannt nach Bernhard Aschner (1883–1960), weitergeführt.

Die Solidarpathologie von der Griechischen Antike bis zur modernen Medizin

Die Theorien der Solidarpathologie gehen auf die Vorstellung der Atome bei Demokrit von Abtera (um 460 v. Chr.) zurück. Demnach bilden die unteilbaren Atome *(solidi)* ein Gitternetz, durch dessen Poren die Lebensflüssigkeit fließt. Krankheit tritt dann ein, wenn sich an einer Stelle die Poren dieses Gitters durch Zunahme der Materie verengen und damit die freie Zirkulation behindern. Das Qualitative der Humoralpathologie wurde durch das Quantitave ersetzt. Der Zufall wird geleugnet und sämtliche Lebensvorgänge auf mechanische Notwendigkeiten zurückgeführt.

In der griechischen Medizin stand der teleologischen, d.h. auf einen Zweck gerichtete Auffassung der Humoralpathologen, die theoretische, auf Naturgesetzlichkeiten beruhende alexandrinische Ärzteschule gegenüber. Vor allem die beiden Ärzte Herophilus (ca. 335–280 v. Chr.) und Erasistratus (ca. 310–250 v. Chr.) bemühten sich durch anatomische Studien das Herz-Kreislaufsystem zu erkunden. Besonders Herophilus hat seine Ergebnisse durch umfassende Sektionen gewonnen. Er soll 600 Obduktionen vorgenommen haben und auch von Ptolomaios dem I. (ca. 376–283 v. Chr.) die Erlaubnis erhalten haben, an verurteilten Verbrechern Vivisektionen durchzuführen. Diese letztere Behauptung wird von vielen Medizinhistorikern bezweifelt (etwa Glesinger 1960), doch es steht fest, dass die alexandrinischen Ärzte durch ihre Forschungen grundlegend neue Erkenntnisse über Herz und Kreislauf gewinnen konnten. Obwohl auch sie noch der alten Anschauung folgten, dass die Arterien nur Luft, das *pneuma*, und die Venen das Blut zur Ernährung des Körpers befördern, haben sie die Funktion des Klappensystem des Herzens erkannt und waren nur mehr einen kleinen Schritt von der endgültigen Entdeckung des Blutkreislaufes entfernt. Herophilus war auch der erste Arzt, der mit Hilfe einer Wasseruhr Pulsmessungen durchführte und die Frequenz zu diagnostischen Überlegungen heranzog.

Bis auf einzelne Aspekte der Entdeckungen der frühen Solidarpathologen, die insbesondere von Galen in sein Gesamtsystem eingebaut wurden, geriet diese in Vergessenheit. Nur der große Schweizer Arzt und Naturforscher Albrecht von Haller (1708–1777) folgte in seinen epochalen Arbeiten zur Physiologie und Anatomie wieder dem solidaren Konzept, konnte sich jedoch damit nicht durchsetzen. Erst Virchow mit seiner Zellularpathologie, gemäß der die Noxe die Zelle, diese das Gewebe und dieses letztendlich den ganzen Organismus krank macht, beendete schließlich die humorale Doktrin und machte Platz für die, naturwissenschaftliche Gesetzmäßigkeiten suchende, moderne Medizin.

Humoral- und Solidarpathologie in Volks- und Komplementärmedizin

Dieses universale Nebeneinander von humoralen und solidaren Vorstellungen, wie eingangs als individuelle Gefühle beschrieben, findet sich in allen traditionellen und volkstümlichen Heilkunden. Der Unterschied besteht darin, dass es sich bei ersterem um eigene medizinische Systeme, bei letzteren um Konglomerate von traditionellen und schulmedizinischen Ideen handelt. Insbesondere bei uns oder in Lateinamerika leben in den Volksheilkunden alte Lehrmeinungen, vor allem aus der Säftelehre, nach. Hier zeigt sich auch die besonders große Affinität zur Humoralpathologie als komplexes Erklärungsmuster für das Leben schlechthin. Trotzdem ist auch der solidare Gedanke immer präsent. So sieht man in Abbildungen zum Verdauungstrakt aus der chinesischen (japanischen) Medizin (Abbildung 4) als auch der, sich in vielen Bereichen der romantischen „deutschen" Heilkunde verpflichteten Medizin des Nationalsozialismus (Abbildung 5), trotz einer humoralen Grundhaltung ein solidares Prinzip. In beiden Abbildungen sind viele kleine Männchen und ihre Aufgaben bei der Verdauung dargestellt. Wäre eines davon kaputt müsste es nur herausgenommen und durch ein neues ersetzt werden.

In den traditionellen Heilkunden sind diese beiden Krankheitskonzepte meist sehr einfach zu erkennen. Bei den Azande Zentralafrikas sind Krankheiten, die durch Magie ausgelöst werden, einem humoralpathologischen und solche, die durch Hexerei verursacht werden, dem solidaren Denken zuzuordnen. Bei den Ersteren wird bei der Behandlung versucht Krankheitsstoffe abzuleiten, etwa mit Aderlässen oder Skarifikationen, bei den Letzteren werden in Extraktionsoperationen, ähnlich wie bei den philippinischen Geistheilern, eingedrungene „Metastasen" der Hexenkraft als krankmachende Materie scheinbar entfernt.

Abb. 4: Solidarpathologische Darstellung des Verdauungstraktes von Utagansa Kunisada (1786–1866), Japan (aus: Sournia 1991)

Zusammenfassend kann gesagt werden, dass diese universelle binäre Krankheitsauffassung des Menschen es erst ermöglicht andere Menschen in ihren Gefühlen dem eigenen Körper gegenüber zu verstehen.

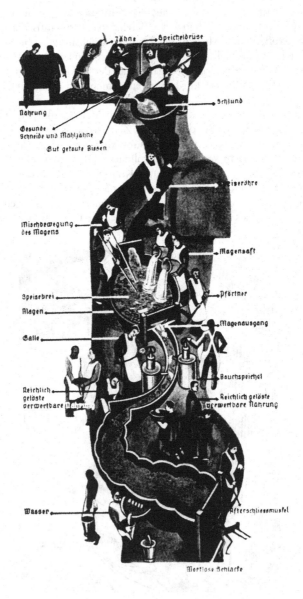

Abb. 5: Solidarpathologische Darstellung des Verdauungstraktes aus der Zeit des Nationalsozialismus (aus: Thomalla ca.1935)

Literatur

Glesinger L (1960) Zur Frage der angeblichen Vivisektionen am Menschen in Alexandria. Communications to the 17th international Congress of the History of Medicine. Sonderdruck, Athen.

Harvey W (1766) Opera omnia, a Collegio Medicorum Londinensi edita. Reprint von: De motu cordis 1628, London.

Héretier-Augé F (1989) Semen and blood: Some ancient theories concerning their genesis and relationship. In: Feher, Naddaff & Tazi (Hrsg.) Fragments of a history of the human body. Part III, S 159–175, Zone, New York.

Hildegard von Bingen (1957) Heilkunde. Das Buch von dem Grund und Wesen und der Heilung der Krankheiten. Übersetzt von Schipperges H, Otto Müller, Salzburg.

Lewin G (1880) Über die Wirkung des Pilocarpins im Allgemeinen und auf die syphilitischen Prozesse im Besonderen. Charieté-Ann. 5: 1–74.

Meyer P & Triadou P (1996) Leçons d'histoire de la pensée médicale. Sciences humaines et sociales en médecine. Odile Jacob, Paris.

Needham J (1959) A history of embryology. Cambridge University Press.

Prinz A (1993) Ethnomedizin. In: Stacher A & Bergsmann O (Hrsg) Grundlagen für eine integrative Ganzheitsmedizin. Schriftenreiche der Wiener Internationalen Akademie für Ganzheitsmedizin, Band 10, S 19–28, Facultas, Wien.

Rokitansky C (1846) Handbuch der allgemeinen pathologischen Anatomie. Braumüller & Seidel, Wien.

Rothschuh K E (1973) History of physiology. Robert Krieger, Huntington, New York.

Rullière R (1980) Die Kardiologie bis zum Ende des 18. Jahrhunderts. In: Sournia, Poulet & Martiny (Hrsg.) Illustrierte Geschichte der Medizin. Bearbeitung der deutschen Übersetzung durch Troellner R. & Eckart W. Bd. 3, 1075–1123, Andreas & Andreas, Salzburg.

Sournia J-C (1991) Histoire de la médecine et des médecins. Larousse, Paris.

Thomalla C (um 1935) Gesund sein – Gesund bleiben. Peters Verlag, Berlin.

Kapitel 19

Zoeliakie/Sprue – Glutenunverträglichkeit

Ralf Kirkamm

Zusammenfassung
Die **Glutensensitive Enteropathie** (Synonym **Zoeliakie** des Kindes bzw. einheimische **Sprue** des Erwachsenen) ist eine immunologische Erkrankung des Dünndarms, die durch die Unverträglichkeit gliadinhaltiger Nahrungsmittel charakterisiert ist. Labordiagnostisch können u.a. Gliadin- und Transglutaminase-Antikörper (in Stuhl- wie auch Serumproben) nachgewiesen werden.

Das klinische Bild umfasst neben Malabsorption und gastrointestinalen Beschwerden häufig unspezifische Allgemeinsymptome (z.B. chronische Müdigkeit) und ist in seiner Ausprägung sehr variabel. Die Erkrankung kommt mit einer Prävalenz von 1:300 bis 1:1000 vor und besitzt eine genetische Prädisposition, die labordiagnostisch nachgewiesen werden kann.

Im Verlauf kann es zu histologischen Veränderungen der Dünndarmmukosa mit Zottenatrophie kommen, die durch eine endoskopische Untersuchung nachweisbar ist. Eine Glutensensibilisierung liegt vor, wenn Gliadin-Antikörper nachweisbar sind, ohne dass eine Zottenatrophie erkennbar ist.

Die labordiagnostischen Möglichkeiten sowie die unterschiedlichen Ausprägungen des Krankheitsbildes werden beschrieben.

Zoeliakie/Sprue – Glutenunverträglichkeit

Vom Symptom zur Diagnose

Zoeliakie des Kindes

Glutenunverträglichkeit
- Prävalenz: 1: 300 bis 1:1000
- weiblich > männlich
- gehäuftes Vorkommen unter Verwandten ersten Grades

variable klinische Expression, oft atypische Präsentation, häufigste Ursache einer Malabsorption im Kindesalter.

Definition

Die Zöliakie ist eine immunologische Erkankung des Dünndarms. Bei genetisch disponierten Personen kommt es durch gliadinhaltige Nahrungsmittel (alkohollösliche Fraktion des Weizenklebers Gluten) zu histologischen Veränderungen im Dünndarm mit Zottenatrophie = flache Mucosa und Kryptenhyperplasie und in der Folge zu einer Malabsorption.

Neben dieser Definition beschreibt das Eisbergphänomen noch folgende Erscheinungsbilder der so genannten glutensensitiven Enteropathie mit oft atypischem, oligosymptomatischem Verlauf:

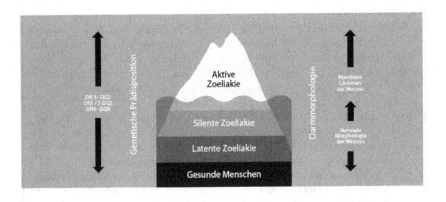

Abb. 1: Zoeliakie-Eisberg

Klinisches Bild

Kleinkinder unter 2 Jahren zeigen meist die klassische klinische Manifestation:
- Meteorismus, aufgetriebenes Abdomen
- schaumige, übel riechende, wechselhafte Diarrhoen
- Erbrechen, Gedeihstörungen
- schlaffe, faltige, blasse Haut
- Anämie (in 85% Eisenmangelanämie)
- Hypotonie, Misslaunigkeit, Müdigkeit

Ältere Kinder haben häufig uncharakteristische Symptome:
- abdomineller Schmerz, teilweise sogar Obstipation
- Minderwuchs mit retardiertem Skelettalter

- Zahnschmelzdefekte
- Osteopenie, Arthritis
- Eisenmangelanämie
- psychische Auffälligkeiten

Bei der Diagnose der Zoeliakie sind u.a. folgende, häufig mit einer Zoeliakie assoziierte Krankheitsbilder von Bedeutung:
- selektiver IgA-Mangel (bis zu 10%)
- Dermatitis herpetiformis Duhring
- Diabetes mellitus Typ 1 (5%)
- Down-Syndrom
- Turner-Syndrom
- Autoimmunthyreoiditis (bis 14%)
- Rheumatoide Arthritis

Diagnostik der Zoeliakie/Glutenunverträglichkeit

Entscheidend ist eine umfassende Anamnese inklusive Ernährungsanamnese; die Familienanamnese ist in bis zu 10% positiv. Klinische Besserung ist unter glutenfreier Diät zu beobachten.

Labor:
- Gliadin-AK im Stuhl (polyvalent)
- Transglutaminase-AK im Stuhl (polyvalent)
- Gliadin-AK (IgA, IgG) im Serum
- Transglutaminase-AK im Serum
- Pankreaselastase im Stuhl
- Alpha-1-Antitrypsin im Stuhl
- Mikronährstoffscreen im Vollblut
- Blutbild, Elektrolyte, Eisen, Ferritin, Gesamteiweiß, IgA und IgA-Subklassen
- Laktoseintoleranz-H_2-Atemtest bei Kindern über 5 Jahren
- Laktoseintoleranz-LCT-Genbestimmung bei kleineren Kindern

Genetik:
- genetische Prädispositionsfaktoren HLA-DQ2 und -DR4

Histologie:
- Dünndarmsaugbiopsie unter gliadinhaltiger Kost

Differentialdiagnose der Zoeliakie:
1. Nahrungsmittelunverträglichkeiten/-allergien
2. Pankreasinsuffizienz
3. angeborene oder erworbene intestinale Enzymdefekte und Resorptionsstörungen, z.B. Laktasemangel, Enterokinasemangel
4. akute Enteritis
5. Morbus Crohn

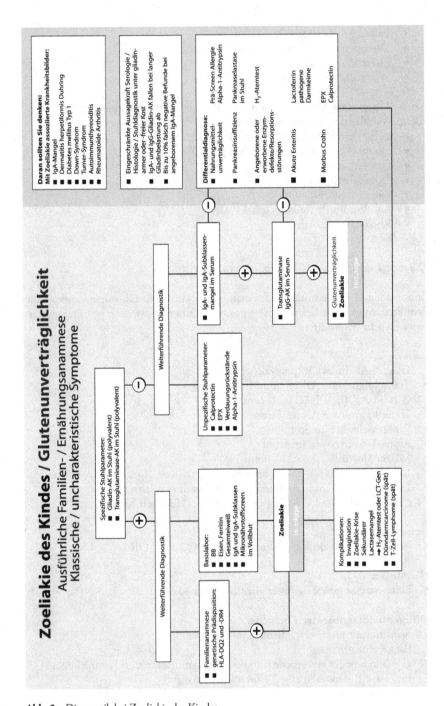

Abb. 2: Diagnostik bei Zoeliakie des Kindes

Komplikationen:
- Invagination
- Zoeliakie-Krise mit Erbrechen, Elektrolytentgleisung, Exsikkose, Azidose
- sekundärer Laktasemangel
- Malabsorption
- T-Zell-Lymphome des GIT (spät)
- Dünndarmkarzinome (spät)

Daran sollten Sie denken:
1. Die Aussagekraft der Serologie und Histologie unter gliadinarmer oder gliadinfreier Kost ist eingeschränkt; daher ist eine genaue Ernährungsanamnese bei Blutentnahme zu empfehlen.
2. IgG- und IgA-Gliadin-AK fallen bei langer Gliadinbelastung wieder ab.
3. Bei 3–10% aller Patienten liegt ein IgA-Mangel vor; in diesen Fällen sind die IgA-AK-Bestimmungen falsch negativ. Transglutaminase-IgG-AK sollten daher im Serum bestimmt werden.

Therapie

Die einzige Behandlungsmöglichkeit besteht in einer lebenslang strikt glutenfreien Diät. Zu meiden sind Weizen, Roggen, Gerste, Dinkel, Grünkern, Einkorn, Urkorn, Kamut, Emmer, Triticale und sonstige Weizenderivate.

Sicher glutenfreie Nahrungsmittel sind: Reis, Mais, Hirse, Buchweizen, Amaranth, Quinoa, Hülsenfrüchte, Kartoffeln, Milch und Milchprodukte, Obst, Gemüse, Fleisch, Fisch, Ei sowie Butter, Öl und Margarine.

Da Gluten emulgiert, Wasser bindet und ein guter Trägerstoff für Aromastoffe ist, wird es aus lebensmitteltechnologischen Gründen vielen Halbfertig- und Fertigprodukten zugesetzt. Hierauf ist in der Ernährung zu achten.

Bei vielen Patienten mit Glutenunverträglichkeit liegt ein sekundärer Laktasemangel vor; daher sollte anfangs auch Milchzucker gemieden werden.

Eine Substitution von Mineralien und Vitaminen je nach Defizit ist zu empfehlen.

Sprue des Erwachsenen

Glutensensibilisierung
Eine besondere Rolle bezüglich immunologischer Reaktionen auf Nahrungsmittel nimmt die Glutensensibilisierung ein. Diese liegt vor, wenn sich Antikörper gegen Gluten nachweisen lassen, ohne dass eine Zottenatrophie erkennbar ist. Wie auch bei Patienten mit einer manifesten Zöliakie dominieren weniger abdominelle als vielmehr unspezifische Symptome das Beschwerdebild.

Nur 30–40% der Patienten zeigen einen abdominell symptomatischen Verlauf. Zu den möglichen gastrointestinalen Symptomen zählen ein aufgetriebenes Abdomen, Völlegefühl, Appetitlosigkeit, ein irritables Darmsyndrom, abdominelle Schmerzen, Obstipation und Meteorismus. Wechselnd häufig klagen Patienten über Zungenbrennen und allgemeine Abgeschlagenheit. Die häufige atypische Präsentation der Glutenunverträglichkeit erstreckt sich von unklarer Müdigkeit mit Anämie bis hin zu den Folgen von Autoimmunerkrankungen (z.B. Thyreoiditis, Rheumatoide Arthritis).

Interessanterweise stellt heute die chronische Müdigkeit und nicht gastrointestinale Symptome die klinische Präsentation der Patienten mit einer Glutenunverträglichkeit dar.

- Allgemeinsymptome
- Magen-Darm-Beschwerden
- neurologisch-psychiatrische Symptome
- Beschwerden des Bewegungsapparates
- gestörte Sexualfunktion
- Autoimmunerkrankungen

Bei der Diagnose Glutenunverträglichkeit sind u.a. folgende Krankheitsbilder von Bedeutung:

- selektiver IgA-Mangel (bis zu 10%)
- Dermatitis herpetiformis Duhring
- Diabetes mellitus Typ 1 (5%)
- Down-Syndrom
- Turner-Syndrom
- Autoimmunthyreoiditis (bis 14%)
- Rheumatoide Arthritis

Diagnostik

Entscheidend ist eine umfassende Anamnese inklusive Ernährungsanamnese; die Familienanamnese ist in bis zu 10% positiv. Klinische Besserung ist unter glutenfreier Diät zu beobachten.

Labor:
- Gliadin-AK im Stuhl (polyvalent)
- Transglutaminase-AK im Stuhl (polyvalent)
- Gliadin-AK (IgA, IgG) im Serum
- Transglutaminase-AK im Serum
- Pankreaselastase im Stuhl
- Alpha-1-Antitrypsin im Stuhl
- Mikronährstoffscreen im Vollblut
- Blutbild, Elektrolyte, Eisen, Ferritin, Gesamteiweiß, IgA und IgA-Subklassen
- Laktoseintoleranz-H_2-Atemtest

Genetik:
- genetische Prädispositionsfaktoren HLA-DQ2 und -DR4

Histologie:
- Dünndarmsaugbiopsie unter gliadinhaltiger Kost

Differentialdiagnose der Glutenunverträglichkeit:
1. Nahrungsmittelunverträglichkeiten/-allergien
2. Pankreasinsuffizienz
3. angeborene oder erworbene intestinale Enzymdefekte und Resorptionsstörungen, z.B. Laktasemangel, Enterokinasemangel
4. Morbus Crohn
5. akute Enteritis
6. Helicobacterpylori-Infektionen

Komplikationen:
- sekundärer Laktasemangel
- T-Zell-Lymphome des GIT
- Dünndarmkarzinome

Daran sollten Sie denken:
1. Die Aussagekraft der Serologie und Histologie unter gliadinarmer oder gliadinfreier Kost ist eingeschränkt; daher ist eine genaue Ernährungsanamnese bei Blutentnahme zu empfehlen.
2. IgG- und IgA-Gliadin-AK fallen bei langer Gliadinbelastung wieder ab.
3. Bei 3–10% aller Patienten liegt ein IgA-Mangel vor; in diesen Fällen sind die IgA-AK Bestimmungen falsch negativ! Tranglutaminase-IgG-AK sind im Stuhl oder Serum zu bestimmen.

Therapie

Die einzige Behandlungsmöglichkeit besteht in einer lebenslang strikt glutenfreien Diät. Zu meiden sind Weizen, Roggen, Gerste, Dinkel, Grünkern, Einkorn, Urkorn, Kamut, Emmer, Triticale und sonstige Weizenderivate.

Sicher glutenfreie Nahrungsmittel sind: Reis, Mais, Hirse, Buchweizen, Amaranth, Quinoa, Hülsenfrüchte, Kartoffeln, Milch und Milchprodukte, Obst, Gemüse, Fleisch, Fisch, Ei sowie Butter, Öl und Margarine.

Da Gluten emulgiert, Wasser bindet und ein guter Trägerstoff für Aromastoffe ist, wird es aus lebensmitteltechnologischen Gründen vielen Halbfertig- und Fertigprodukten zugesetzt. Hierauf ist in der Ernährung zu achten.

Bei vielen Patienten mit Glutenunverträglichkeit liegt ein sekundärer Laktasemangel vor; daher sollte anfangs auch Milchzucker gemieden werden.

Eine Substitution von Mineralien und Vitaminen je nach Defizit ist zu empfehlen.

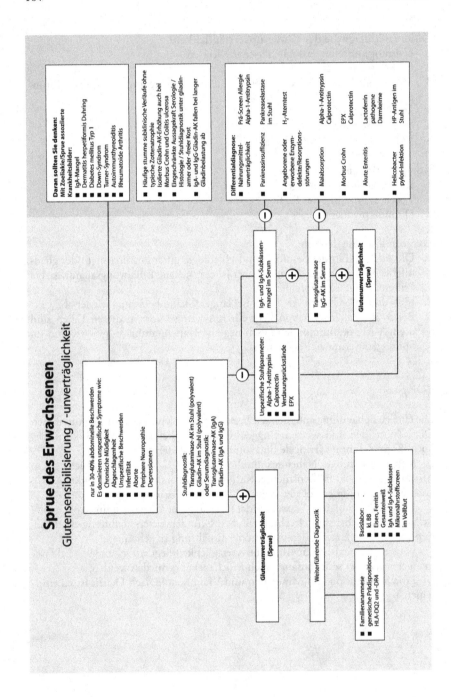

Abb. 3: Diagnostik bei Sprue des Erwachsenen

Literatur

Caspary, W (2001) Sprue – die vielen Gesichter der glutensensitiven Enteropathie. Deutsches Ärzteblatt 49: A3282–A3284.

Dieterich W, Ehnis T, Bauer M, Donner P, Volta U, Riecken EO, Schupan D (1997) Identification of tissue tranglutaminase as the autoantigen of celiac disease. Nature Medicine 3: 3797–801.

Herold, G (2004) Innere Medizin. Eine vorlesungsorientierte Darstellung. Köln.

Keller, KM Glutensensitive Enteropathie (Zöliakie) – ein Krankheitsbild im Wandel (MID 3/01). Hintergrund, Geschichtliches, Definitionen, Epidemiologie, Ätiologie und Pathogenese, Klinisches Bild, Diagnostik, Therapie, nbsp URL: http://www.medizinimdialog.com/mid3_01/Glutensensitive.htm

Martin, M (2002) Labormedizin in der Naturheilkunde. 2. Auflage Urban & Fischer, München-Jena.

Martin, M (2000) Gastroenterologische Aspekte in der Naturheilkunde. Ralf Reglin Verlag, Köln.

Siegenthaler, W (2000) Differentialdiagnose innerer Krankheiten. 18. Auflage. Thieme Verlag, Stuttgart, New York.

Autorenverzeichnis

Dr. med. Ing. Friedrich Dellmour
Sängerhofgasse 19, 2512 Tribuswinkel, Österreich
Tel. Büro: +43-1-524 40 64-47
eMail: dellmour@aon.at

Dr. med. Fritz Friedl
Klinik Silima, 83083 Riedering, Deutschland
Tel.: +49-8036 3090
eMail: ff@klinik-silima.de

O. Univ. Prof. Dr. Hans Goldenberg
Medizinische Universität Wien
Zentrum für Physiologie und Pathophysiologie
Institut für Medizinische Chemie
Währingerstrasse 10, 1090 Wien, Österreich
Tel.: +43-1-427760802
Fax: +43-1-427760881
eMail: hans.goldenberg@meduniwien.ac.at

Prof. Dr. med. Hartmut Heine
Billerbeckweg 1–3, 75242 Neuhausen, Deutschland
Tel. und Fax: +49-7234 6246
eMail: hartmutheine@aol.com

Dr. Hermann Heinrich
LaboTech Labortechnik GmbH
Friedrich-Barnewitz-Str. 3, 18119 Rostock Warnemünde, Deutschland
Tel.: +49-381-51 96 112
Fax: +49-381-51 96 113
eMail: labotech@t-online.de

Ao. Univ.-Prof. DDr. Manfred Herold
Medizinische Universität Innsbruck
Klinische Abteilung für Allgemeine Innere Medizin
Rheumaambulanz & Rheumalabor
Anichstrasse 35, 6020 Innsbruck, Österreich
Tel.: +43-512 504-23371
eMail: manfred.herold@uibk.ac.at

Dr. John G. Ionescu
Spezialklinik Neukirchen
93453 Neukirchen, Deutschland
Fax: +49-9947 28109
eMail: info@spezialklinik-neukirchen.de

Dr. Ralf Kleef
Inst. f. Wärme- und Immuntherapien
Windmühlg. 30/2/7, 1060 Wien, Österreich
Tel.: +43-1-585 73 11
Fax: DW 20
eMail: kleef@hyperthermie.at

Dr. med. Ralf Kirkamm
GANZIMMUN, Labor für funktionelle Medizin AG
Hans-Böckler-Str. 109, 55128 Mainz, Deutschland
Tel.: +49-6131-7205-124
Fax: +49-6131-7205-100
eMail: dr.kirkamm@ganzimmun.de

Dr. med. Lothar Krenner
Österreichische Gesellschaft für Ayurvedische Medizin
Maharishi Institut für Vedische Medizin
Biberstrasse 22, 1010 Wien, Österreich
Tel.: +43-1-513 43 52
Fax: +43-1-513 96 60
eMail: lothar.krenner@aon.at

Dr. med. John van Limburg Stirum
Seestrasse 155, 8802 Kilchberg, Schweiz
Tel.: +41-44-716 48 48
Fax: +41-44-715 64 03
eMail: jstirum@praxis-seegarten.ch

Ao. Univ. Prof. Dr. Wolfgang Marktl
Zentrum für Physiologie und Pathophysiologie
Institut für Physiologie
Schwarzspanierstrasse 17, 1090 Wien, Österreich
Akademie für Ganzheitsmedizin
Sanatoriumsstraße 2, 1140 Wien, Österreich
Tel. +43-1-688 75 07
Fax: DW 15
eMail: wolfgang.marktl@meduniwien.ac.at

Dr. Norbert Maurer
Kupelwieserg. 16/2, 1130 Wien, Österreich
Tel.: +43-1-877 3001
eMail: norbert.maurer@chello.at

Univ. Prof. Dr. Dr. Armin Prinz
Inst. f. Geschichte der Medizin der Universität Wien
Währingerstr. 25, 1090 Wien, Österreich
Tel.: +43-1-4277 63 412
Fax: DW 9634
eMail: armin.prinz@meduniwien.ac.at

MR. Dr. Heinz Schiller
Sechterberg 14, 4101 Feldkirchen, Österreich
Tel.: +43-7233 6381
Fax: +43-7233 6381-75
eMail: heinz.schiller@medway.at

Dr. Harald Stossier
Ärztlicher Leiter – VIVA – Das Zentrum für MODERNE MAYR MEDIZIN
Seepromenade 11, 9082 Maria Wörth, Österreich
Tel.: +43-4273 31117
Fax: +43-4273 31117 160
eMail: stossier@viva-mayr.com

Prof. Dr. rer. nat. Jürgen Vormann
Dr. rer. nat. Thomas Goedecke
Institut für Prävention und Ernährung
Adalperostraße 37, 85737 Ismaning b. München, Deutschland
Tel.: +49-89-96 20 78 26
Fax: +49-89-96 20 78 25
eMail: vormann@ipev.de

Dr. Sieghard Wilhelmer
Rankengasse 15, 9500 Villach, Österreich
Tel.: +43-4242 523 78
Fax: DW 4
eMail: sieghard.wilhelmer@utanet.at

SpringerMedizin

Cem Ekmekcioglu, Wolfgang Marktl

Essentielle Spurenelemente

Klinik und Ernährungsmedizin

2006. VIII, 205 Seiten. 10 Abbildungen.
Broschiert **EUR 49,80**, sFr 76,50
ISBN 978-3-211-20859-5

Publikationen zu den essentiellen Spurenelementen sind in der gängigen Literatur bisher hauptsächlich als einzelne Kapitel in ernährungsorientierten Büchern zu finden. Ein aktuelles Buch, das vor allem Mediziner in der klinischen Praxis anspricht, fehlte völlig. Dieses Werk füllt diese Marktlücke. Am Beginn wird ein praxisrelevanter Überblick zu Funktionen, Stoffwechsel, Nahrungsquellen und empfohlenen täglichen Aufnahmemengen gegeben, um dann vertieft klinische Krankheitsbilder zu behandeln, wie z.B. Krebs und Immunschwäche, die vor allem durch Mangel, jedoch auch durch Toxizität der Spurenelemente mitverursacht werden bzw. die auch zu einer Unterversorgung führen können. Dabei werden vor allem Empfehlungen für eine symptom -bzw. krankheitsorientierte Ernährung bereitgestellt, sowie die Frage der therapeutischen und prophylaktischen Supplementation diskutiert. Ebenso wird die Bestimmung des Spurenelementestatus und der Bedarf daran von Kindern, Schwangeren, Senioren und Sportlern ausführlich erörtert.

SpringerWien NewYork

P.O.Box 89, Sachsenplatz 4–6, 1201 Wien, Österreich, Fax +43.1.330 24 26, books@springer.at, **springer.at**
Haberstraße 7, 69126 Heidelberg, Deutschland, Fax +49.6221.345-4229, SDC-bookorder@springer.com, springer.com
P.O. Box 2485, Secaucus, NJ 07096-2485, USA, Fax +1.201.348-4505, service@springer-ny.com, springer.com
Preisänderungen und Irrtümer vorbehalten.

SpringerLebensmittelwissenschaften

Hanni Rützler

Was essen wir morgen?

13 Food Trends der Zukunft

2005. 172 Seiten. Zahlreiche farbige Abbildungen.
Gebunden **EUR 24,90**, sFr 38,50
ISBN 978-3-211-21535-7

Dieses Buch ist ein echter „Leckerbissen" für alle, die sich mit der Zukunft des Essens beschäftigen – und wer tut das nicht?

Was die Autorin sich damit vorgenommen hat, beschreibt sie selbst so: „Theoretisch können wir tagtäglich unter einer fast unendlichen Vielfalt an Lebensmitteln und Kostformen frei wählen. Praktisch werden aber unsere alltäglichen Essentscheidungen von gesellschaftlichen Megatrends beeinflusst. Zudem verändern sich die individuellen Lebensgeschichten und adäquat dazu die Essstile.

Mit meinem Buch möchte ich dem bewegten Lebensmittelmarkt Struktur geben und mit Hilfe von 13 Food Trends die zentralen Entwicklungschancen für Landwirtschaft, Lebensmittelverarbeiter, Gastronomie und Handel aufzeigen. Dabei sollen auch die KonsumentInnen auf den Geschmack kommen: Sie erhalten spannende Einblicke in die ‚essbare Konsumwelt' von morgen und eine profunde Orientierung für einen bewussten Lebensmitteleinkauf."

SpringerWienNewYork

P.O.Box 89, Sachsenplatz 4–6, 1201 Wien, Österreich, Fax +43.1.330 24 26, books@springer.at, **springer.at**
Haberstraße 7, 69126 Heidelberg, Deutschland, Fax +49.6221.345-4229, SDC-bookorder@springer-sbm.com, springeronline.com
P.O. Box 2485, Secaucus, NJ 07096-2485, USA, Fax +1.201.348-4505, orders@springer-ny.com, springeronline.com
EBS, 3–13, Hongo 3-chome, Bunkyo-ku, Tokyo 113, Japan, Fax +81.3.38 18 08 64, orders@svt-ebs.co.jp
Preisänderungen und Irrtümer vorbehalten.